中国传统服饰文化与工艺丛书

唐妆容耀

强坤　田宝华——著

U0747615

中国纺织出版社有限公司

内 容 提 要

本书通过参照唐代文物进行唐代妆容复原，让更多人了解和欣赏到唐代妆容的魅力。依据唐代妆容进行创意妆容创作，是对古代美妆文化的传承和发扬，将古代妆容与现代审美相结合，创作出既具有历史内涵又符合现代审美的妆容作品，为相关领域的研究提供新的视角和思路。本书以"四唐说"为时间轴划分，分为初唐、盛唐、中唐、晚唐四个篇章。以文物为启示，借鉴中国传统配色，并结合数字技术对妆容进行了提取和分析，通过绘画和艺术再创作，将研究成果以直观易懂的方式呈现出来。

本书适合化妆设计、艺术设计专业师生参考学习，也可供相关从业人员阅读借鉴。

图书在版编目（CIP）数据

唐妆容耀 / 强坤，田宝华著． -- 北京：中国纺织出版社有限公司，2024. 12. --（中国传统服饰文化与工艺丛书）． -- ISBN 978-7-5229-2372-7

Ⅰ．TS974.1-092

中国国家版本馆 CIP 数据核字第 20246TL824 号

Tangzhuang Rongyao

责任编辑：孙成成 许润田 责任校对：高 涵
责任印制：王艳丽

中国纺织出版社有限公司出版发行
地址：北京市朝阳区百子湾东里A407号楼 邮政编码：100124
销售电话：010—67004422 传真：010—87155801
http://www.c-textilep.com
中国纺织出版社天猫旗舰店
官方微博 http://weibo.com/2119887771
北京华联印刷有限公司印刷 各地新华书店经销
2024年12月第1版第1次印刷
开本：787×1092 1/16 印张：19.5
字数：245千字 定价：198.00元

序

　　本书通过整理唐代时期的妆容，追寻那个时代的美丽印记，探索当时女性妆容的独特魅力和文化意义。唐代以其富饶、开放、多元的文化背景，使妆容艺术的发展到达巅峰。本书通过对壁画及流传于世的古画等文物中的女性形象进行整理和妆容分析，让人们能够了解唐代社会风貌和当时的女性地位及审美追求以及妆容与周围环境的互动关系。虽然历经千年岁月洗礼的壁画残缺不齐，但依旧承载着唐代不同时期妆容的特点和流行趋势。我们在了解历史的前提下尽可能还原当时的女子妆容。时代变迁，审美观念也在不断演变，但唐代的妆容仍然可以为当今时尚界提供灵感。同时，深入了解唐代妆容也有助于提高对自身传统文化的认同感和自豪感。

　　本书以"四唐说"为时间划分依据，以文物为启示，引唐诗的辞致雅赡，运用中国传统配色，再创现代妆容设计。在设计本书期间，我们为整理唐代妆容的资料做出了极大的努力。首先，对唐代壁画、文物和历史文献资料进行了详细分类和整理。其次，借助现代科技手段，如数字扫描和图像识别技术，对人物形象的妆容、发束精确提取和分析。此外，结合历史学、艺术学和美学的专业知识，对收集的资料进行深入解读和研究。最后，运用现代影像的平面技法，对壁画、古画中的人物妆、发、饰进行艺术复原。本书通过绘画再创现代艺术妆容，将研究成果以直观易懂的方式呈现出来，从艺术设计视角来欣赏和理解唐代妆容的艺术魅力，愿本书能为现代妆容设计带来灵感。

著者

2024 年 12 月

初 唐

（618—712 年）

盛 唐

（713—755 年）

中 唐

（756—824 年）

晚 唐

（825—907 年）

目录

壹

初唐

初唐时期（618—712 年），即唐朝建立到唐玄宗李隆基即位之前的这段时间。这是一个充满生机与活力的时代，经济繁荣、文化昌盛，对外交流频繁，国力强盛。在初唐社会，女性的地位相对提升，妇女不仅在家庭中扮演重要角色，还积极参与到社会生活中。这种社会地位的提升也反映在女性的妆容上，她们开始更加注重自己的外貌和形象，通过妆容来展现自己的魅力。

1.1　初唐的历史介绍

　　唐朝的建立是中国历史最重要的事件之一。唐高祖李渊趁隋末动乱起兵于晋阳，此后扫除群雄，成功夺取政权，建立了唐朝，并定都长安。唐高祖武德九年（626 年）李世民成功夺得了皇位，开启了贞观之治，为社会的稳定和发展奠定了基础，为女性妆容风格的多样化创造了条件。

　　自唐高祖李渊开国至唐太宗贞观二十三年（649 年），是唐朝建立与初步巩固的时期。这一时期不仅奠定了唐朝的统治基础，也开创了盛世文化。初唐继承了前代的文化遗产，通过改革和创新，逐步建立起一套适应当时社会发展的政治体制；诗歌、书法、绘画、音乐、舞蹈等文化艺术均得到了长足的发展。这一时期，唐朝商业繁荣，手工业兴旺，城市经济逐渐繁荣，社会逐渐走向稳定。初唐时期，儒、释、道三教并立，相互交融。儒家思想在维护社会秩序和伦理道德方面发挥了重要作用，而佛教和道教则在精神信仰和文化传承方面对社会产生了深远影响。这种多元的文化氛围为初唐文化的繁荣提供了思想基础。由于新政权对节俭朴素风气的倡导，初唐时期的妆容风格从隋朝的奢华烦琐向简约自然转变。

　　汉文化结构体系庞大完整，这为后世女性妆容提供了丰富的文化内涵和审美基础。初唐的文化特质之一是开放包容，从不盲目抗拒外来事物。受少数民族风俗文化的深度影响，女性追求时髦与新奇之风。随着丝绸之路的畅通，外来文化和化妆品传入中国，为女性提供了更多的妆容选择和创新空间。

　　在贞观初年，初唐时期女性的妆容风格主要体现在政治、经济、文化和社会审美等多个方面。妆容的变化体现了她们审美观念的转变。这种变化不仅展现了女性对美的追求，也反映了她们逐渐摆脱传统束缚，开始拥有更多的自主权和选择权，女性更多地参与到社会活动中，社会角色得到拓展。《新唐书·后妃传》中提到，唐太宗在政府机构改革中，废除了由宫女出任的内职，转而聘任有才华的女性，如贞女、簪花女等，担任要职。这一举措不仅提升了女性在政治中的地位，也为后来的女性参政奠定了基础，反映了贞观之治时期对女性才能的认可和重视。贞观时期，女性受教育的途径得到了拓宽。《大唐六典》和《贞观政要》等书籍中记载，唐太宗推出了一系列教育改革，修女、亲王女等贵族女子可以进入皇帝私立的学校接受教育，同时，还设立了专门的女子学校，这些举措提升了初唐女性的受教

唐妆容耀

育程度，增强了她们的人文素养，提升了她们的自我价值。社会角色的拓展使得女性有机会展示自己的才华和魅力，妆容作为形象的一部分，也随之变得更加多样化和个性化。皇室贵妇和上层社会女性的妆容往往更加华丽、繁复，以体现尊贵身份和显赫地位；普通女性的妆容则相对简单，以实用为主。这反映了当时社会的等级制度和价值观念。这一时期的文化背景与女性妆容均呈现出独特的风貌，文化环境对女性妆容产生了显著影响。女性妆容强调面部的自然美感，注重眼部的修饰和眉毛的描绘，展现了当时女性的审美观念。

初唐时期的经济繁荣和文化交流对女性妆容产生了深远影响。唐代以"丰腴"为美，在古籍中，唐代女性的丰腴之美得到了生动的描绘。例如，《旧唐书·外戚传》中，太平公主被描述为"丰硕，方额广颐，多权略"，这显示了当时对女性丰腴形象的赞赏。一些经典的文学作品也描绘了唐代女性的丰腴之美。这些作品道出了当时社会对于丰腴美女的渴求和崇拜。这种审美观念在女性妆容中得到了充分体现。初唐时期女性的妆容，以艳丽、娇俏著称，高发髻，发饰丰富多样，大面积红妆的涂抹，柳叶眉、红唇等，女性注重面部的涂抹和修饰，以突出面部的丰满度和层次感，大量使用珍珠和金银饰品作为头饰，善用发型和服饰来衬托自己的身材和气质，彰显自信开放的精神世界。

诗歌作为唐代的代表性文学形式，其中不乏对女性妆容的描绘和赞美。中唐诗人元稹在其诗作中多次提及并赞美女子的妆容，如《恨妆成》中"傅粉贵重重，施朱怜冉冉"，描绘了女子精心敷粉施朱的妆容。另外，还有一些诗作虽然没有直接提及贞观年间，但反映了唐代整体的妆容风尚，如晚唐诗人罗虬《比红儿诗》中"薄粉轻朱取次施，大都端正亦相宜"，描绘了女子淡妆的清新之美。同时，也有一些诗作描绘了女子的发型。如晚唐诗人李群玉《同郑相并歌姬小饮戏赠》中"裙拖六幅湘江水，鬓耸巫山一段云"，以巫山云雨为喻，生动描绘了女子高耸的发型之美。这些诗歌作品不仅反映了当时女性妆容的风格和特点，也为女性妆容的发展和创新提供了灵感和借鉴。同时期的绘画、雕塑等艺术形式也对女性妆容产生了影响，这些艺术形式通过塑造女性形象来展现当时的审美观念和文化内涵。这些文化艺术的表达进一步丰富了初唐女性妆容的内涵和风格。

唐妆容耀

新城长公主墓第五过洞西壁侍女图

1994—1995 年，陕西省考古研究所对位于礼泉县昭陵附近的陪葬墓之一新城长公主墓进行了发掘。该墓墓主为唐太宗第二十一女，葬于唐高宗龙朔三年（663 年）。此墓地势高，未受地下水破坏，壁画保存完整。此壁画源自第五过洞西壁，高 160 厘米，宽 95 厘米。壁画中的侍女肤色白皙，这与唐代追求白皙皮肤的审美观念一致。壁画显示仕女的双颊涂有红色。这种妆容方法在唐代称为"晕妆"，即通过淡淡的红色晕染来增强面部的立体感和健康感，这种颜色由植物染料或矿物颜料制成，如红花和胭脂。两位侍女头梳单刀半翻髻，身穿白色襦衫，外套浅褐色半臂，似乎正在悠闲地散步。第 4 页图为新城长公主墓第五过洞西壁侍女图妆发复原。

【束发】

唐妆容耀

侍女头梳单刀半翻髻，图中的发饰为艺术复原，突显唐代女子的独特审美和对美的追求。发饰种类丰富，包括金簪、珠花、金梳等，这些装饰品不仅点缀了发型，还提升了整体的华丽感和贵族气质。

发式：半翻发髻，这种发型在唐代极为流行，表现出独特的美感。发髻高耸，通过多层次的梳理使发髻显得丰盈立体，增加了整体的高度和气势，象征着身份尊贵。发顶向一边斜翻，这使得发髻不仅在高度上引人注目，在形状上更具灵动感。斜翻的设计打破了传统发髻的对称性，增添了一丝不对称的美感和俏皮感。

唐代文人段成式在其著作《髻鬟品》中曾提到："高祖宫中有半翻髻。"由此可见，这种发型在唐朝初期非常流行，尤其是在宫廷中备受青睐。在唐朝初期，宫廷中的妇女通过精心梳理和装饰自己的发髻，展示了对美的追求和精致生活的态度。这种发型在各种社交场合和宫廷礼仪中都非常常见，半翻髻的流行反映了唐代社会的开放和包容。

复原发饰佩戴效果侧背面展示　　　　复原发式侧背面展示

【妆容】

侍女图的妆容细致独特，以长而弯的"柳叶眉"和娇艳的"樱桃唇"为特点。眼部涂淡红色，这种妆容技巧不仅展现了唐代女子独特的审美风格，也反映出当时社会对于美的追求和表达方式。

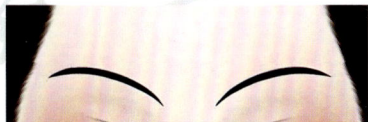

眉形：柳叶眉，又称细长眉，是一种唐代女性妆容中的独特造型，以其纤细、优雅、富有灵动感的特点而备受推崇。在新城长公主墓的壁画中，可以清晰地看到侍女们眉形修饰的细节。柳叶眉作为当时主流的眉形之一，在这些壁画中得到了生动的展现。

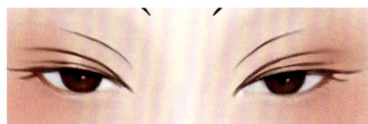

眼妆：眼部涂成淡红色，这种化妆技巧突出了眼睛的神采，也赋予了妆容更多的层次感。在一些唐代的绘画作品中，也有人物画有长而深的眼线，使眼睛看起来更加有神采。

唇式：樱桃唇，初唐时期嘴唇画法以小巧为主。《旧唐书·白居易传》中提到："女子妆饰，唇薄若点，若樱桃之小。"强调了小巧玲珑的唇妆，这种审美倾向反映了初唐时期的主流时尚。

整体妆容：在初唐，女子的妆容以匀称而白皙的面部、细长的眉毛、淡红的妆容以及小巧的嘴唇为美。特别是在贞观时期，常见于年轻的女子。

1.3 涎玉沫珠妆容设计

唐代樊宗师《绛守居园池记》："木腔瀑三丈余，涎玉沫珠。""涎玉沫珠"这个词语，原意是指流出美玉，吐出珍珠，形容水花四溅的美丽景象。当用来形容女子时，是赞美女子的美丽、纯洁，如同美玉和珍珠一样，形容女子的行为举止如同水花四溅般美丽动人。

浅云	香炉紫烟	盈盈	紫薄汗	暮山紫	月白	碧落	窈蓝	孔雀蓝	凝夜紫
[C:10 M:5 Y:5 K:0]	[C:20 M:20 Y:10 K:0]	[C:0 M:25 Y:0 K:0]	[C:30 M:40 Y:0 K:10]	[C:40 M:30 Y:0 K:0]	[C:20 M:5 Y:5 K:0]	[C:35 M:10 Y:0 K:0]	[C:50 M:25 Y:0 K:0]	[C:70 M:30 Y:10 K:0]	[C:85 M:100 Y:45 K:15]

极淡眉影

月蓝暮紫双段眼影

落日映红霞半圆形腮红

橘色水光唇

－壹－

倒晕眉

月蓝暮紫渐层眼影

盈粉腮红

盈粉水光唇

－贰－

柳叶眉变形

碧蓝水纹眼影

－叁－

柳叶眉眉底晕染

眉底倒晕雾状眼影

盈粉雾状腮红

- 肆 -

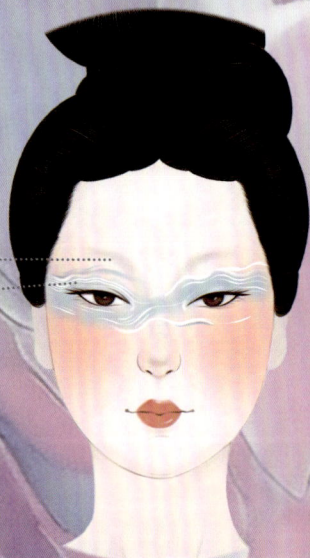

极淡眉影

月白水纹眼影

- 伍 -

唐妆容耀

晕染柳叶眉

碧蓝月白倒钩眼影

盈粉水光唇

- 陆 -

窃蓝渐层眼影 ⋯⋯⋯⋯

浅云装饰眼线 ⋯⋯⋯⋯

－柒－

双层眉尾

窃蓝下眼线

浅云丝状眼妆

盈粉水光唇

－捌－

眉底晕染 ⋯⋯⋯⋯

孔雀蓝截段式眼影 ⋯⋯

盈粉渐层腮红 ⋯⋯⋯⋯

－玖－

- 拾 -

- 拾壹 -

- 拾贰 -

- 拾叁 -

- 拾肆 -

- 拾伍 -

唐妆容耀

- 拾陆 -

- 拾柒 -

- 拾捌 -

- 拾玖 -

- 贰拾 -

- 贰拾壹 -

盈粉额妆

窈蓝蝶翼晕染眼妆

眼角月牙点缀装饰

盈粉下巴腮红

- 贰拾贰 -

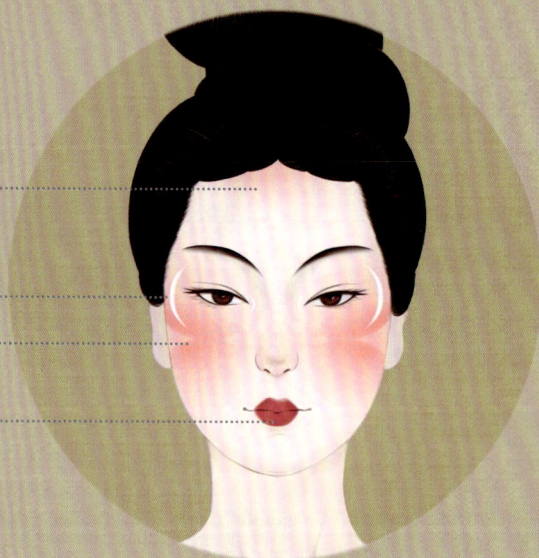

额妆腮红

眼角眼尾月牙点缀

盈粉蝶翼腮红

盈粉哑光唇

- 贰拾叁 -

凝夜紫波纹眼影

丝状月白装饰眼线

- 贰拾肆 -

- 贰拾伍 -

- 贰拾陆 -

- 贰拾柒 -

- 贰拾捌 -

- 贰拾玖 -

- 叁拾 -

- 叁拾壹 -

- 叁拾贰 -

唐妆容耀

- 叁拾叁 -

- 叁拾肆 -

- 叁拾伍 -

- 叁拾陆 -

極細柳叶双层眉首

浅云极细眼线

眼角高光提亮点缀

渐层晕染腮红

- 叁拾柒 -

三层倒晕眉尾

双段暮紫三角眼线

- 叁拾捌 -

三层极细眉首

碧落厚涂笔触眼影

浅云珠光装饰眼线

- 叁拾玖 -

- 肆拾 -

- 肆拾壹 -

- 肆拾贰 -

- 肆拾叁 -

- 肆拾肆 -

- 肆拾伍 -

唐妆容耀

- 肆拾陆 -

- 肆拾柒 -

- 肆拾捌 -

- 肆拾玖 -

- 伍拾 -

- 伍拾壹 -

唐妆容耀

《胡服美人屏风画》 新疆吐鲁番阿斯塔纳张礼臣墓出土

《胡服美人屏风画》出土于新疆吐鲁番阿斯塔纳张礼臣墓，是唐代残存的绢本屏风画。绢画中的女子身着窄袖翻领胡服圆领袍，头梳交心髻，画花钿，神情悠然。丝绸之路的畅通使得大量外来文化和商品涌入中原，初唐时期女性的妆容、服饰不仅吸收了少数民族的装饰元素，还融合了来自波斯、印度的装饰元素，体现出包容、大气的审美特征。第 22 页图为《胡服美人屏风画》妆发复原。

【束发】

　　侍女头梳交心髻，图中发饰为艺术复原，如金簪、玉饰等，使整个发型显得高贵而优雅。交心髻是一种复杂而精美的发型，发髻高耸，心形对称，显示了精湛的梳理技艺和美学设计。

发式：交心髻，是梳起成双的发髻，将头发分成两股，分别在头顶绾成心状，并在中心各留出一缕头发，绕髻交叉盘旋而成。这样的设计不仅在视觉上显得优雅高贵，而且象征着女性的心灵美好和柔情似水。交心髻在初唐时期特别流行，被视为时尚标志之一。

交心髻作为一种双髻发型，发髻的心形设计使其在视觉上非常独特。交心髻不仅流行于宫廷，民间女性也开始效仿这种发型，使其成为一种普遍的时尚潮流。

复原发饰佩戴效果背面展示

复原发式背面展示

【妆容】

《胡服美人屏风画》中女子妆容展现出异于中原的妆容特点：夸张的眉形，额际独特的"心形"花子，月牙状斜红。

眉形：倒晕眉，是唐代一种非常独特的眉形，其特点在于眉形大胆夸张，眉色浓黑，下部界限分明而上部略有晕开。这种眉形在唐代也被称为"蚕眉"，象征着女子的美丽与力量。额际的"心形"花子象征着心灵的纯洁和美好。"心形"花子不仅是美的象征，更是一种文化符号，代表着女性在社会中的地位和身份。

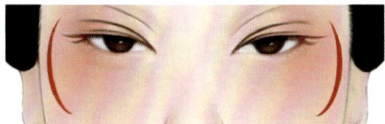

斜红：唐代女子在面颊两侧所绘的红色图案，图中为月牙状斜红。这种妆容手法在唐代非常流行，有修饰脸形的作用，体现了女性的娇美与柔情。罗虬《比红儿诗》中："一抹浓红傍脸斜，妆成不语独攀花"，描绘了女子的斜红，展现了女子的美丽与魅力。

整体妆容：风格大胆且张扬，体现了唐代开放包容的社会风气。女子的妆容不仅是美的体现，更是文化交流与融合的产物。唐代诗人对女性美的描绘，正是这一社会风气的体现。杜甫在《丽人行》中描绘宫中贵妇的美丽妆容："三月三日天气新，长安水边多丽人。态浓意远淑且真，肌理细腻骨肉匀。"不仅描绘了女性的美丽妆容，也反映了唐代社会对女性美的高度赞赏和包容的态度。

唇式：图中的唇式比樱桃唇更为丰满圆润，使得整体妆容更加饱满丰盈，显示出唐代女子对美的多样追求。唐代以丰满为美，这种唇形正是这一审美标准的体现。岑参《玉门关盖将军歌》中："美人一双闲且都，朱唇翠眉映明眸"，描绘了女子娇美的唇形。

　　唐代高彦休的作品中写有："任生曰：'某非猎食者，哀君情切，因来奉救。沤珠槿艳，不必多怀。'""沤珠槿艳"，比喻短暂的幻景。沤珠，水泡。槿，木槿花，鲜艳而易凋谢。沤珠槿艳，形容颜色娇嫩艳丽得好像要滴下来了。一般是用来形容花，也用来描绘女子容貌妖好美艳。

黄封	朱樱	扶光	蜜合	流黄	鹅黄	吉金	龙战	椒房	绀宇
[C:25 M:30 Y:60 K:0]	[C:45 M:100 Y:100 K:15]	[C:5 M:30 Y:35 K:0]	[C:15 M:15 Y:25 K:0]	[C:45 M:70 Y:100 K:0]	[C:30 M:50 Y:90 K:0]	[C:35 M:10 Y:0 K:0]	[C:60 M:70 Y:95 K:35]	[C:15 M:45 Y:65 K:0]	[C:100 M:85 Y:35 K:0]

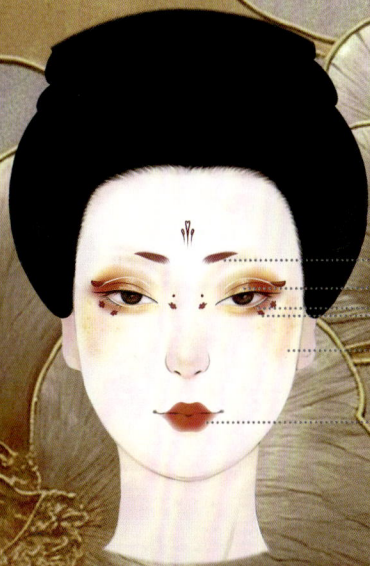

红色蛾眉变形

金箔装饰眼妆

金橙色渐变眼影

小花瓣装饰

小面积粉状黄色腮红

红色晕染唇妆

029

－壹－

线条轮廓形眼妆

花形妆靥

颗粒感腮红

轻薄唇妆

－贰－

点状眉

花形眼妆

金箔眼影

小面积黄色胭脂

贴金面靥

橙黄色唇妆

－叁－

金粉眼部轮廓装饰线

倒晕眼影金粉眼线

上扬晕染腮红

雾状唇彩

－肆－

吉金碎花眼妆

蓝金渐层珠光眼影

蝴蝶唇变形

唐妆容耀

－伍－

珠光提亮鱼尾眼妆

珠红眼线点缀

眼尾手绘金鱼尾装饰线

蜜合水光唇

－陆－

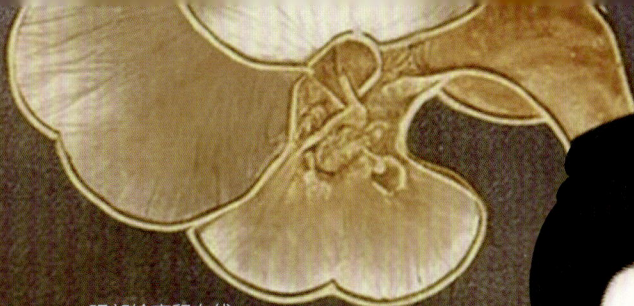

眼部轮廓留白线

蓝金珠光渐层眼影

脸颊落叶彩妆

珠樱水光唇

- 柒 -

极细平眉

丝绒质地段式眼影

蓝色染睫

厚涂唇线

- 捌 -

双色段式浮云眉
朱红珠光眼影
双燕纹眼尾贴花

三段式层次下眼影

眼角金色泪痣点缀

- 玖 -

- 拾 -

- 拾壹 -

唐妆容耀

- 拾贰 -

- 拾叁 -

- 拾肆 -

- 拾伍 -

- 拾陆 -

- 拾柒 -

- 拾捌 -

- 拾玖 -

- 贰拾 -

- 贰拾壹 -

蛾眉变形

珠光双段眼影

彩妆蓝色染睫

金点雀斑腮红

- 贰拾贰 -

彩妆朱红染眉

金粉朱红段式眼影

极细弧度眼尾睫毛

彩妆手绘花瓣线条

- 贰拾叁 -

倒钩眼影

金色下眼线

喷溅感金粉腮红

- 贰拾肆 -

- 贰拾伍 -

- 贰拾陆 -

- 贰拾柒 -

- 贰拾捌 -

- 贰拾玖 -

- 叁拾 -

- 叁拾壹 -

- 叁拾贰 -

- 叁拾叁 -

- 叁拾肆 -

- 叁拾伍 -

- 叁拾陆 -

唐妆容耀

凤鸟纹样花钿

金色内轮廓眼影朱红眼线

留白分割式腮红

- 叁拾柒 -

彩妆手绘花藤眉形

朱粉蝶翼眼妆

鹅黄腮红

鹅黄蝴蝶唇

- 叁拾捌 -

点状眉

金点鱼尾眼影

- 叁拾玖 -

－肆拾－

－肆拾壹－

－肆拾贰－

－肆拾叁－

－肆拾肆－

－肆拾伍－

唐妆容耀

- 肆拾陆 -

- 肆拾柒 -

- 肆拾捌 -

- 肆拾玖 -

- 伍拾 -

- 伍拾壹 -

1.6 《舞乐屏风图》舞姬妆发复原

《舞乐屏风图》　新疆吐鲁番阿斯塔纳张礼臣墓出土

《舞乐屏风图》出土于新疆吐鲁番阿斯塔纳张礼臣墓，该墓出土舞乐屏风共六扇，这是较为完整的一扇。在这扇屏风中，舞者舞姿生动、轻盈、优美。舞者头顶高髻，体现了当时女性的妆饰风格。她的眼睛细长，鼻梁高挺，朱唇含笑，面容清秀，左手上屈轻拈披帛，似做挥帛而舞的姿态。画面右上角绘有一只展翅高飞的凤鸟，为整个画面增添了生动活泼的氛围，寓意吉祥如意、充满希望。第40页图为《舞乐屏风图》舞姬妆发复原。

【束发】

　　复原图中舞姬绾高髻，为单螺髻，上搭配精美的发饰，如金钗、金钿等。这些发饰为艺术复原品，采用珍珠、金器等珍贵材料制成，工艺精湛。通过对发饰的复原和解读，我们不仅能够了解唐代女性发饰的华美和精致，还能更加深入地了解唐代女性的生活方式、审美取向和社会地位。

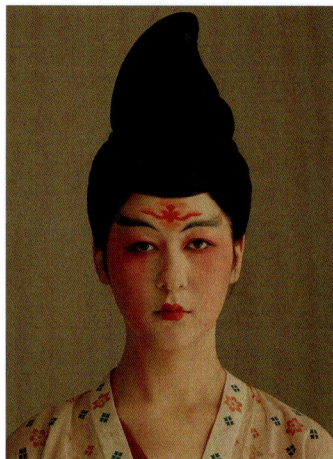

发式：单螺髻，是一种形似螺壳的发髻。本为"佛顶之髻"，寓意着智慧的开启和精神的升华。

佛教对唐代社会文化的影响非常深远，因此一些与佛教相关的符号、象征常常被人们用来形容或比喻其他事物，这也包括发型。将单螺髻形容为"佛顶之髻"，更多的是一种形象化的说法，用以突出其造型的高耸和优雅。这种发式在初唐时盛行于宫廷，后在士庶女子中流行起来。当时的"昆仑奴"也是梳这种髻式，至宋、明时期，仍有这种发式。

复原发饰佩戴效果侧背面展示

复原发式侧背面展示

【妆容】

唐妆容耀

图中舞姬的妆容浓艳而繁复，花钿夸张，眉形粗中有细，每一笔、每一线都流畅而生动地勾勒出了她的妆容之美。她的眉如飞燕，仿佛要腾空而起；花钿点缀于额际，而胭脂的晕染则如同醉人的酒意，让人心驰神往、陶醉其中。

眉形：涵烟眉，眉尖收紧，而眉尾则轻轻晕开，仿佛笼罩着轻雾。这样的眉形既尖细精致，又带有一丝含蓄的柔美，双眉对称宛如飞燕展翅。额际的花钿别具一格，形态夸张繁复，以橘红色为底色，红色的花朵在上面绽放，如同热情奔放的火焰般绚烂夺目。

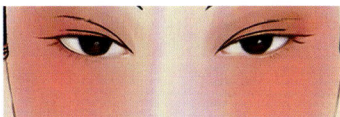

胭脂：色彩运用极为大胆，大面积的胭脂从眉下一直延伸到脸侧，形成了饱满的红润之感。这种胭脂的运用不仅突出了舞姬妆容的浓艳风格，更加凸显了她们的艺术气质和舞台表现力。

整体妆容：展现了一种浓艳的风格，恰如女子醉酒后脸上泛起的红晕，因此被形象地称为"酒晕妆"。浓艳妆容与宴会、聚会或舞蹈等社交活动有关。这种妆容形象反映了当时上流社会女性对于美的追求，展现了她们对生活的热情和生命的活力。

唇式：樱桃唇，图中唇式画在了唇线以内，唇两边不上颜色，使嘴唇更加"小巧"，用大红色的朱砂和唇脂，整体看上去仿佛樱桃一般。

晋代潘岳《杨荆州诔》：" 翰动若飞、纸落如云。" "纸落云烟"可以用来形容女子妆容的轻盈、细腻、朦胧和柔美，给人一种淡雅而脱俗的美感。

浅云	香炉紫烟	晴山	绍衣	青黛黛	凝脂	弗肯红	库金	珠子褐	凝夜紫
[C:75 M:40 Y:90 K:0]	[C:20 M:20 Y:10 K:0]	[C:40 M:20 Y:5 K:0]	[C:40 M:35 Y:35 K:0]	[C:85 M:75 Y:50 K:15]	[C:0 M:70 Y:75 K:0]	[C:5 M:15 Y:20 K:5]	[C:10 M:55 Y:80 K:0]	[C:10 M:65 Y:20 K:0]	[C:85 M:100 Y:45 K:15]

远山眉

水墨远山眼妆

凝脂面颊腮红

日落珠红唇妆

- 壹 -

日落朱红图形

水墨云烟眼妆

白云纹内晕染图形

凝脂面颊腮红

- 贰 -

云烟眉形

裸感眼妆

落日云霞面颊彩妆

大面积黄色腮红

- 叁 -

浮云眉加长

重点色眼影

扇形腮红

— 肆 —

唐妆容耀

极淡眉影

不等式鸳鸯眼影

喷溅感腮红

— 伍 —

星耀纹样花钿

月牙包围眼妆

斜向修容腮红

— 陆 —

花卉形花钿 ....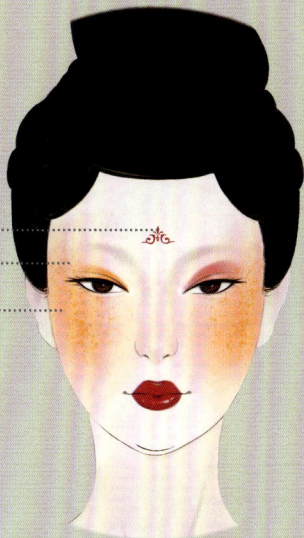

反色鸳鸯眼影 ....

喷溅感腮红 ....

- 柒 -

植物形态花钿 ....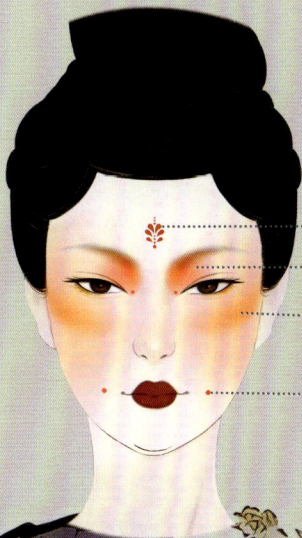

轮廓晕染眼影 ....

渐层腮红 ....

朱红面靥 ....

049

- 捌 -

荷花形花钿 ....

浮云眉变形 ....

笔触擦痕眼影 ....

- 玖 -

- 拾 -

- 拾壹 -

- 拾贰 -

- 拾叁 -

- 拾肆 -

- 拾伍 -

- 拾陆 -

- 拾柒 -

- 拾捌 -

- 拾玖 -

- 贰拾 -

- 贰拾壹 -

水墨远山眉形

银色远山面妆

金橘渐层腮红

- 贰拾贰 -

丝状云烟眼影

白色云纹腮红

月牙状面靥

- 贰拾叁 -

晕染夕阳影花钿

远山渐层眼影

- 贰拾肆 -

唐妆容耀

- 贰拾伍 -

- 贰拾陆 -

- 贰拾柒 -

- 贰拾捌 -

- 贰拾玖 -

- 叁拾 -

- 叁拾壹 -

- 叁拾贰 -

- 叁拾叁 -

- 叁拾肆 -

- 叁拾伍 -

- 叁拾陆 -

唐妆容耀

- 叁拾柒 -

- 叁拾捌 -

- 叁拾玖 -

- 肆拾 -

- 肆拾壹 -

- 肆拾贰 -

－肆拾叁－

－肆拾肆－

－肆拾伍－

－肆拾陆－

－肆拾柒－

－肆拾捌－

唐妆容耀

开山迥
迤逦长
结束行
祠祥绍
和利那
兴忙年
民北宗
唐
新秋

贰 盛唐

　　盛唐（713—755年），是中国历史上一个辉煌灿烂的时期。这一时期，唐朝政治稳定，经济繁荣，文化艺术空前发展，对外交流频繁，女性妆发与服饰风格独特。盛唐实现了中央集权的高度发展，社会秩序井然、商业经济繁荣，随着海上丝绸之路的大力发展促进了盛唐与世界各国之间的贸易发展以及文化交流，诗歌、绘画、音乐等方面取得了卓越成就。

　　盛唐社会开放包容，风气活泼，女性妆容以富贵华丽为主，发饰繁复且精致，展现了女性独特的魅力；盛唐服饰讲究宽袍大袖，色彩艳丽，展现出一种雍容华贵的气质。

2.1　盛唐的历史介绍

盛唐时期通常指从唐玄宗开元年间（713年）到安史之乱爆发（755年）。这一时期的历史事件和文化背景对唐代女子的妆容产生了深远的影响。

唐玄宗（李隆基）统治前期，国家政治稳定，经济繁荣，文化兴盛，开创了历史上著名的"开元盛世"。政治上的稳定和经济上的富庶使人们的物质生活得到极大改善，这为唐朝女性追求美丽和时尚提供了条件。贞观年间，唐太宗李世民完善了科举制度，这一举措不仅为男子提供了晋升机会，也为唐朝女性地位的提升提供了良好的社会环境基础；开元时期，人民生活富足，女性的妆容和服饰更加大胆和多样化，追求个性和时尚的风潮逐渐兴起。盛唐女性在教育、社会活动、妆容时尚等方面获得了更多的机会和自由。

盛唐女子通常追求白皙的皮肤和红润的双颊，这被认为是美丽和高贵的象征。白皙的皮肤被视为贵族和富贵人家的标志。为打造白皙的肤色和红润的双颊，白粉和红脂被大量使用，面施白粉，腮红则呈现出鲜艳的红色。杜甫《丽人行》中对唐代女性的描述中提到："态浓意远淑且真，肌理细腻骨肉匀"，强调了唐代女子皮肤细腻、白皙的特点。元稹《离思五首》中的"须臾日射燕脂颊，一朵红苏旋欲融"则描绘了唐代女子脸颊上胭脂的颜色及形态。

盛唐贵族女子喜好在额头上装饰额黄，象征尊贵和吉祥，尤其在唐代，黄色代表着帝王和高贵的地位。女子在额头上涂抹黄色，不仅是对美的追求，也是对吉祥和幸福的期盼。《新唐书》和《旧唐书》中都提到了额黄妆。例如，《新唐书·后妃传》记载了武则天的女儿太平公主的妆容，其中包括了额黄装饰。李商隐的《蝶》中提到："寿阳公主嫁时妆，八字宫眉捧额黄"，就描述了寿阳公主出嫁时的额黄妆容。温庭筠《偶游》诗中写道"额黄无限夕阳山"，进一步强调了额黄妆的美感。

盛唐时期，女子们还通过贴金银箔和画花钿来展现自己的美丽，这种装饰可以使面部更加艳丽。白居易《长恨歌》中"云鬓花颜金步摇，芙蓉帐暖度春宵"中的"花颜"指的就是画花钿，展现了妆容的美丽和精致；"回眸一笑百媚生，六宫粉黛无颜色"中的"粉黛"指的就是化妆品，而"无颜色"则强调了杨贵妃的美丽和白皙皮肤使其他女子显得黯然失色。她的妆容成为当时女性争相模仿的典范。杨贵妃的妆容特点在于肤如凝脂、眉如远山、唇如点漆，充分体现了盛唐女子妆容的特点。

唐妆容耀

唐代宇文士及的《妆台记》中记载"女子点唇，所用的胭脂晕品为：石榴娇、大红春、小红春、嫩吴香、半透娇、万金红、圣檀心、露珠儿、内家圆、天官巧、洛儿殷、淡红心、猩猩晕、小朱龙、格双唐、眉花奴。"这些名字不仅展示了当时口红的多样性和丰富性，也反映了唐代人们对美的追求和对色彩的热爱。部分时期甚至流行"牙黑"之美，即将牙齿染黑，以突显白皙的肌肤和红艳的嘴唇。这种风尚源自外来文化的影响，尤其是受到东南亚和日本等地风俗的影响。

盛唐时期，丝绸之路极为繁荣，中国与中亚、西亚、南亚乃至欧洲文化交流频繁。外来文化，尤其是来自波斯、印度等地的文化元素对唐代妆容产生了影响，带来了异域风情的装饰和化妆技法。唐代女性开始流行画"蛾眉"，即细长而弯曲的眉毛，这种眉形与波斯妆容中的眉形十分相似。眼妆方面，波斯文化中的浓烈眼妆也在唐代有所体现，如"远山黛"的妆容，即用黛色描绘眼部，强调眼部的深邃感。

佛教在唐代非常盛行，佛教艺术对妆容也产生了一定影响。佛教中的飞天形象、壁画中的菩萨形象等对唐代女子的妆容和装饰起到了启发作用。佛教造像中的菩萨形象头戴宝冠，发髻高耸，装饰华丽，这些造型对当时女性发型产生了深远影响。盛唐时期发型的样式变得更加丰富，出现了高髻、双鬟、卷发等多种样式，同时配以金银珠宝、花钿等饰品，展现出华丽和典雅。在佛教艺术影响下，常见唐代女子发式之一就是"螺髻"，体现出佛教文化中的吉祥寓意。唐代女子妆发造型中，发型、眉饰、化妆、贴面、首饰等方面都来自佛教艺术的元素，这些构成了唐代女官丰富多彩的面部妆容。盛唐时期政治稳定、经济繁荣、文化交流和宗教信仰共同塑造了唐代女子妆容的独特风格。这些妆容不仅体现了当时社会的审美观念，也反映了唐代开放和包容的文化氛围。

唐妆容耀

《都督夫人礼佛图》位于敦煌莫高窟第130窟甬道南壁，完成于唐天宝年间，作者不详。原作损毁严重，现所见到的为敦煌研究院第二任院长段文杰的复原摹本。此画纵34厘米、横315厘米，描绘了都督夫人太原王氏及其家人的礼佛场景。画中的高大女子为都督夫人太原王氏，其身形丰腴、妆容华美，她的身份通过旁边的题记标明，正是都督夫人太原王氏。太原王氏在唐代地位显赫，是名门望族，民间有"天下王氏出太原"之说，彰显了其家族广泛的影响力。她的形象被画得高大，甚至超过真人的比例，以突显她的尊贵地位和仪态。太原王氏以盛装出现，头梳抛家髻，插有华丽的叉花钗，佩戴着精美的角梳。这些发饰不仅装饰了她的发型，也象征着她的高贵身份和社会地位。第60页图为都督夫人太原王氏妆发复原。

敦煌莫高窟第130窟壁画《都督夫人礼佛图》

【临摹】段文杰绘于1959年

【束发】

都督夫人太原王氏梳的"抛家髻",是唐代贵族妇女常梳的发型,高耸而华丽。抛家髻借假髻增加发量和高度,使发型更加饱满壮观。此外,发髻上还点缀着鲜花和叉花钗,显示出女性的精致与华美。其佩戴的角梳不仅实用,也起到了装饰作用,整体造型富贵华美,彰显了女性的尊贵身份和高雅品位。

发式：抛家髻，是唐代贵族妇女常梳的发型，其特点是两鬓包面，头顶饰有"朵子"（即假髻），使发型显得更加饱满和高耸。唐代妇女在梳理发髻时，常常在髻前单插一把梳子，有的则会在两鬓上部或髻后增插几把梳子。盛唐时期，这种发饰风格进一步发展，图中都督夫人就将两把金梳一上一下地相对而插并且搭配鲜花点缀，繁复装饰凸显出其尊贵身份。

"抛家髻"是盛唐时期开始流行的一种发式，在晚唐时期仍十分流行，后人将其附会成战乱时将要抛弃家园的征兆。《新唐书·五行志》中有："唐末京都妇人梳发，以两鬓抱面，状如椎髻，时谓之抛家髻。"

复原发式侧面展示

复原发式侧背面展示

【妆容】

唐妆容耀

都督夫人的复原图中展现了典型的唐代妆容特征。眼眸晕上淡红色眼影，微微上挑的眼线使眼睛更加明亮有神，垂珠眉如同水珠般灵动，这种妆容风格既体现了唐代审美中的自然与精致，又突出了女性的柔美和婉约。她的唇妆更是精巧细致，唇如蝴蝶般优雅，使整张面孔显得更加生动妩媚。

眉形：垂珠眉，宛如水珠般滴垂流向眉心。这种眉形流行于盛唐天宝年间（742—756 年），以其独特的美感和精致的造型在当时的贵族女子中广受欢迎。在唐玄宗命画工绘制十样不同的眉形《十眉图》中明确记载了垂珠眉的样式，垂珠眉的造型需要极高的技艺，通过细致的描绘和修饰，使眉形如水珠般细腻、柔和，展现出女性的温柔与魅力。

眼妆：以眼尾晕染淡红色的"桃花状"眼影为主。这种妆容风格在盛唐的贵族妇女中非常流行，以其自然柔和的美感著称。元稹《桃花》中的"桃花浅深处，似匀深浅妆"，将桃花比作女子的妆容，描写了颜色深浅不一的妆容晕染。

整体妆容：垂珠眉、"桃花状"眼影和蝴蝶唇的妆容特征展现了唐代女性华贵与婉约的典型形象，反映了盛唐贵族女性对精致妆容的追求。这些妆容细节展现了唐代的女性地位和审美意识，是唐代文化的重要体现。

唇式：蝴蝶唇，盛唐时期流行蝴蝶画法，此种画法相对来说更加日常一些。唇峰处的起伏是对蝴蝶翅膀的模仿，这种唇妆能够使女性嘴巴显得丰满、圆润。

2.3 春树暮云妆容设计

　　唐代杜甫《春日忆李白》中："白也诗无敌，飘然思不群。清新庾开府，俊逸鲍参军。渭北春天树，江东日暮云，何时一樽酒，重与细论文。""春树暮云"，"春树"指的是春景，而"暮云"指的是傍晚时的云彩。"春树暮云"即描绘了春天树木生机勃勃而云彩缭绕的美景。寓意生机与宁静的结合，妆容上以此为灵感，展现清新自然的底妆，如同春树般生机勃勃，搭配柔和的眼妆和腮红，如暮云般温柔恬静，整体妆容既显活力又不失优雅。

缟羽	晴山	铜青	软翠	碧城	凝脂肪	黄封	库金	唇脂	朱孔阳
[C:0 M:0 Y:0 K:10]	[C:40 M:20 Y:5 K:0]	[C:75 M:30 Y:50 K:0]	[C:90 M:50 Y:40 K:0]	[C:90 M:65 Y:30 K:15]	[C:0 M:70 Y:75 K:0]	[C:25 M:30 Y:60 K:0]	[C:10 M:55 Y:80 K:0]	[C:25 M:80 Y:50 K:0]	[C:30 M:100 Y:80 K:0]

红色蛾眉

上下三色渐层眼妆

横段式眼妆晕染

内眼妆靥点缀

凝脂腮红

朱红蝶式唇妆

－壹－

眉头红色妆靥

眼轮廓线条装饰

绿色下眼线

红黄渐晕腮红

朱红蝴蝶唇

－贰－

青色垂珠眉变形

横段渐晕眼影

白色装饰线点缀

红黄渐晕腮红

朱红蝴蝶唇

－叁－

柳叶眉上扬变形

渐层半圆内眼影

倒钩外眼影延伸至山根处

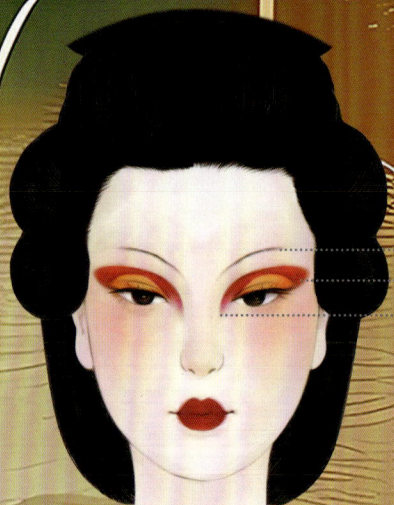

－肆－

无眉妆式
眼部金色晕染

唇边金粉晕染

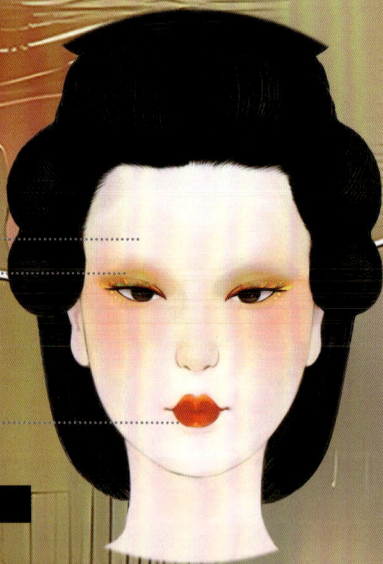

－伍－

浅淡柔和柳叶眉

加粗、延长眼线，桃花状粉色眼影

绿色眼头，眼下点缀

－陆－

唐妆容耀

无眉妆式点画妆靥

双段式晕染眼影

眼头、眼尾处点画妆靥

朱红缎面唇妆

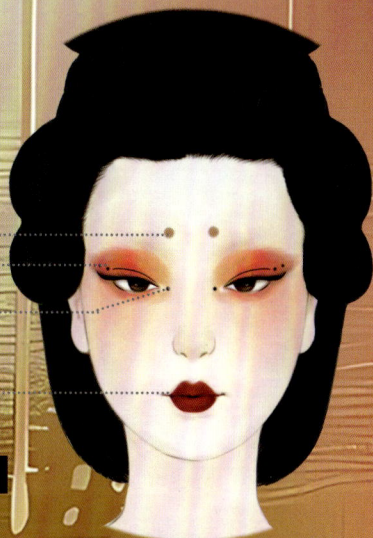

垂珠眉

白色桃花形眼部妆靥

彩色眼线

白色桃花面靥

垂珠眉双眉尾变形

后移晕染眼影

眼下点画妆靥

- 拾 -

- 拾壹 -

- 拾贰 -

- 拾叁 -

- 拾肆 -

- 拾伍 -

唐妆容耀

- 拾陆 -

- 拾柒 -

- 拾捌 -

- 拾玖 -

- 贰拾 -

- 贰拾壹 -

远山眉后移变形

段式晕染眼影

渐晕式桃红腮红

同色系蝴蝶唇妆

- 贰拾贰 -

花蕊纹样眉形

花瓣眼部妆靥

金色半圆眼影

红色、金色睫毛点缀

- 贰拾叁 -

唐妆容耀

垂珠眉变形

红色外眼线装饰

三段式渐层眼影

- 贰拾肆 -

－贰拾伍－

－贰拾陆－

－贰拾柒－

－贰拾捌－

－贰拾玖－

－叁拾－

- 叁拾壹 -

- 叁拾贰 -

- 叁拾叁 -

- 叁拾肆 -

- 叁拾伍 -

- 叁拾陆 -

唐妆容耀

花瓣纹样眉形

眼线轮廓金粉点缀

凤尾眼线装饰

- 叁拾柒 -

上扬柳叶眉变形

三段式眼影

眼尾点黑装饰

- 叁拾捌 -

远山眉变形

外双上扬眼线

金粉下眼影

- 叁拾玖 -

- 肆拾 -

- 肆拾壹 -

- 肆拾贰 -

- 肆拾叁 -

- 肆拾肆 -

- 肆拾伍 -

唐妆容耀

- 肆拾陆 -

- 肆拾柒 -

- 肆拾捌 -

- 肆拾玖 -

- 伍拾 -

- 伍拾壹 -

2.4 《都督夫人礼佛图》十一娘妆发复原

女十一娘供养

唐妆容耀

敦煌莫高窟第130窟壁画《都督夫人礼佛图》

【临摹】段文杰绘于 1959 年

《都督夫人礼佛图》中，位于都督夫人太原王氏身后的是她的女儿——十一娘。十一娘的妆容和服饰精致且典雅，显示了唐代贵族女性的风采。她面饰花钿、妆靥，穿朱衫、碧裙、披帛，蹑笏头履。与母亲手捧香炉不同，十一娘手持鲜花，合掌敬礼，表现出她的谨慎和虔诚。这种姿态不仅展示了她的敬佛之心，也体现了唐代贵族女性对宗教的虔诚和礼仪的重视。第 78 页图为供养人十一娘妆发复原。

【束发】

　　十一娘复原图中的发型为倭堕髻，头顶饰有鲜花、大小梳子、花型宝钿，装饰精美，增添了发型的华丽感，体现了唐代女性的典雅与精致。

发式：倭堕髻，盛唐时期非常流行的一种发型，特点在于发髻大小和倾斜程度较小，不像堕马髻那样高耸和庞大，与堕马髻相比，倭堕髻更显清新、优雅。与其母都督夫人相比较，十一娘发型上的装饰更为简约。

倭堕髻的梳理十分讲究，因为它的美感和清丽感很大程度上取决于发髻的倾斜角度和形态。正确的梳理方法能够确保发髻既不过于下垂，也不过于直立，而是保持一种优雅的倾斜状态，展现出清丽的美感。

复原发饰佩戴效果背面展示

复原发式背面展示

【妆容】

唐妆容耀

十一娘的眉如垂珠，
与她清秀的面容相得益彰。
面部装饰着精美的花钿，
点缀了她的妆容，凸显出
高贵身份和华丽气质。妆
靥的运用增添了她的妩媚，
使得她更加娇媚动人。其
唇色如玫瑰般娇艳欲滴，
展现了盛唐时期的庄严与
华丽。

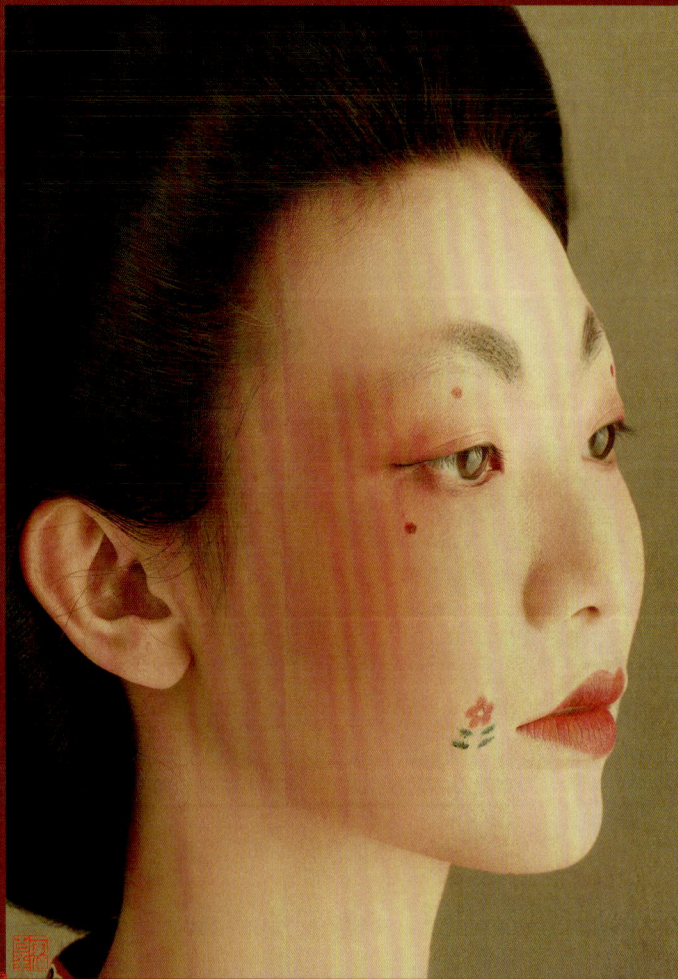

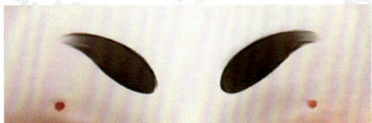

眉形：垂珠眉，眉形如水珠滴垂向眉心。另外，在《长歌行》中也有"玉楼天半起笙歌，珠帘寂寞翠凤飞。探池敛袖抛垂珠，一夜云间舞秋水"这样的描述，将眉如垂珠与女性美丽的形象相结合，呈现了当时对于妇女妆容特征的生动描绘。

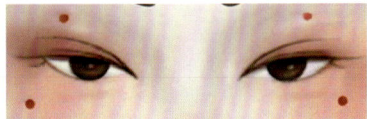

眼妆：眼睛上下贴有点画花钿。妆靥即用胭脂、丹青在脸颊、额头或太阳穴等处画点或其他图案的面妆。《都督夫人礼佛图》中，十一娘和十三娘，面部就饰有花钿。尤其是十一娘，在面颊、嘴角、眉眼之间等处都贴有花钿。

整体妆容：展现了盛唐年轻女子独特的妆容特征，眉形如水珠滴垂向眉心，突显女性的柔美和娇媚。面部画有华美的花钿，以及精致的妆靥，增添了整体妆容的华丽感。唇如玫瑰，搭配花形面靥，给人一种娇艳欲滴的感觉，彰显盛唐女性的美丽动人。

唇式：蝴蝶唇，此种蝴蝶唇的画法更加圆润。下唇原本两瓣的画法改为了一瓣，唇峰的位置依旧像蝴蝶的翅膀。十一娘的嘴角还画有花靥。花靥是盛唐时期流行的年轻女子的化妆技巧，在嘴角用颜料或化妆品描绘出花朵或花瓣的形状，更显唇部娇嫩。

2.5 花攒绮簇妆容设计

明代袁宏道《游记·楞伽》："骚人逸士之流、狭斜平康之伎，社南社北之儿，花攒绮簇，杂踏山间，不减上方、虎丘。""花攒绮簇"精练地描述了五彩缤纷、繁华热闹的景象。在妆容的设计上着重突出华丽、精致、五彩缤纷的视觉效果。通过色彩搭配和细节处理，如使用颜色鲜艳的眼影、口红、腮红等，打造层次分明的妆容，使面容如同盛开的花朵一般。

青黛	香炉紫烟	浅云	晴山	黄栗留	库金	胭脂虫	缥碧	珠子褐	海天霞
[C:85 M:75 Y:50 K:15]	[C:20 M:20 Y:10 K:0]	[C:75 M:40 Y:90 K:0]	[C:40 M:20 Y:5 K:0]	[C:0 M:15 Y:70 K:0]	[C:10 M:55 Y:80 K:0]	[C:25 M:100 Y:100 K:5]	[C:55 M:25 Y:40 K:0]	[C:10 M:65 Y:20 K:0]	[C:0 M:45 Y:35 K:0]

垂珠眉变形

横段式眼尾晕染眼妆

黄色眼影腮红渐变

雾状晕染唇

下巴胭脂点缀

- 壹 -

额部胭脂点缀

花瓣图形眉式

眼部点缀

雾状腮红

雾状唇妆

- 贰 -

垂珠眉

倒钩形眼影

蝶妆眼影

腮黄

倒晕唇妆

- 叁 -

金色垂珠眉

后移眼影

红色眼线
眼部红色点画妆靥

－肆－

柳叶眉

段式过渡眼影

绿色外眼线

唐妆容耀

－伍－

柳叶眉

多色渐变段式眼影

胭脂蝴蝶唇

－陆－

金色垂珠眉

金色后移渐变眼影

青色外眼线装饰

朱红唇

- 柒 -

蛾眉

蝶翼纹样眼线

淡红眼影形成上蝶翼

鹅黄腮红形成下蝶翼

渐变唇妆

- 捌 -

鹅黄渐晕

柳叶眉变形

金银三段后移渐层眼影

金色云烟面部彩绘

- 玖 -

－拾－

－拾壹－

－拾貳－

－拾叁－

－拾肆－

－拾伍－

唐妆容耀

- 拾陆 -

- 拾柒 -

- 拾捌 -

- 拾玖 -

- 贰拾 -

- 贰拾壹 -

额红

花瓣形眉影

桃花眼妆

晕染腮红

渐晕唇妆

下巴胭脂

- 贰拾贰 -

不对称式花瓣形眼妆

圆心晕染腮红

渐晕唇妆

- 贰拾叁 -

花瓣眉影

眼尾眼下花瓣点缀

后移腮红

晕染唇妆

- 贰拾肆 -

- 贰拾伍 -

- 贰拾陆 -

- 贰拾柒 -

- 贰拾捌 -

- 贰拾玖 -

- 叁拾 -

- 叁拾壹 -

- 叁拾贰 -

唐妆容耀

- 叁拾叁 -

- 叁拾肆 -

- 叁拾伍 -

- 叁拾陆 -

蝶翼晕染面妆

后移眼影

加粗眼线

花瓣面靥

- 叁拾柒 -

三角晕染额黄

花瓣晕染眼妆

后移眼影

橘色腮红

- 叁拾捌 -

眉头点画妆靥

晕染眼线

蝶翼晕染面妆

橘色水光唇

- 叁拾玖 -

- 肆拾 -

- 肆拾壹 -

- 肆拾贰 -

- 肆拾叁 -

- 肆拾肆 -

- 肆拾伍 -

唐妆容耀

- 肆拾陆 -

- 肆拾柒 -

- 肆拾捌 -

- 肆拾玖 -

- 伍拾 -

- 伍拾壹 -

唐妆容耀

《捣练图》　张萱　美国波士顿美术博物馆藏

《捣练图》是唐代画家张萱的作品，是中国古代仕女画的重要代表作。此图描绘了唐代妇女在捣练、理线、熨平、缝制时的情景。第96页图为熨练妇女的妆发复原。熨练妇女的形象展现了盛唐时期女性特有的端庄丰腴之美，又体现了她们的优雅品位，反映了当时的审美标准和生活习惯。《捣练图》中，人物略施粉黛，栩栩如生，展现了盛唐女子的劳作状态和生活氛围。

【束发】

　　《捣练图》熨练妇女端庄丰腴，梳着盛唐时流行的偏梳髻，发髻上插有金梳，额角两侧饰有玉翠发钿，凸显了唐代女性对于发饰的讲究，用金器及玉翠材料，露出半月形梳背，其柔美的曲线与丰满的面颊十分相配。

发式：偏梳髻，即偏梳朵子。
偏梳髻是一种华丽的发髻造型，
将发髻偏向一侧采用辫子式基底，
自制发包突出发际线，营造雍容
华贵的造型特色。

偏梳髻造型简洁，发髻线条
流畅干练，其用辫子做基底，将
发包固定后采用偏梳缠绕的方式
稳固发型，便于劳作妇女行动。
盛唐时期，偏梳髻在劳动妇女间
较为流行。

复原发式侧背面展示

复原发式背面展示

【妆容】

熨练妇女复原妆容端丽素雅，额间淡绿色的花钿搭配纤细的眉形，淡红色的眼妆及面颊搭配娇小红唇，使人显得含蓄而内敛。这种素雅的妆容恰如其分地表现了女子温厚从容的神态。

眉形：柳叶眉，眉峰尖锐，如同柳叶般细长优美。

花钿：以绿色花卉造型的花钿作为额饰，增添了一分清新自然的气息。

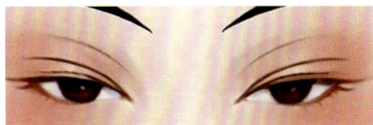

眼妆：眼妆使用了独特的晕染技巧，胭脂从眼部轻轻晕染到面颊，形成淡粉色的过渡。这种晕染手法使得妆容清淡素雅，增加了面部的立体感，使神态显得更加柔美和从容。

唇式：蝴蝶唇，唇妆设计注重丰满和圆润，唇部线条柔和流畅，展现出丰腴的美感。唇妆的颜色多为鲜艳的红色，在白皙肤色的映衬下显得格外引人注目，突出女性面部的立体感和鲜活气质。

整体妆容：柳叶眉和绿色花钿的妆容搭配显得清淡素雅，不仅不会过于夺目，还能突显女性自身的自然美，淡色面妆及红唇体现了唐代女性在日常生活中的优雅与精致。这种端丽素雅的妆容不仅展现了女性对美丽的追求，更是体现和延续了盛唐时期的社会文化。

唐代孟郊《衰松》："近世交道衰，青松落颜色。""青松落色"将青松的象征意义与落色妆容相结合，可以创造出一种独特的妆容风格。青松的翠绿和坚韧，融入妆容的色彩和线条中，赋予妆容更深层的文化内涵和审美价值。追溯到古代的妆容风格，女性化妆时常常会运用自然元素和色彩，以展现出自然、清新的美感。

出岫	青青	宫绿	庭芜绿	翠微	漆姑	麹尘	苍葭	绿沈	筠雾
[C:40 M:30 Y:60 K:0]	[C:75 M:50 Y:85 K:5]	[C:85 M:50 Y:95 K:0]	[C:65 M:30 Y:75 K:0]	[C:75 M:40 Y:90 K:0]	[C:70 M:40 Y:80 K:0]	[C:30 M:10 Y:45 K:0]	[C:40 M:15 Y:50 K:0]	[C:50 M:40 Y:80 K:0]	[C:20 M:15 Y:35 K:0]

额黄

远山眉

雾状眼影

眼尾眼线晕开

雾状腮红

唇妆高光点缀

- 壹 -

垂珠眉

凤尾点金眼线

雾状腮红

点金唇妆

- 贰 -

花蕊纹样花钿

横段式眼影

点金枝叶纹样

雾妆腮红

缎感唇妆

- 叁 -

绿色六瓣花钿

远山眉

后移渐变眼影

绿色下眼影

- 肆 -

远山眉变形

金粉点缀眼妆

外括眼影

- 伍 -

唐妆容耀

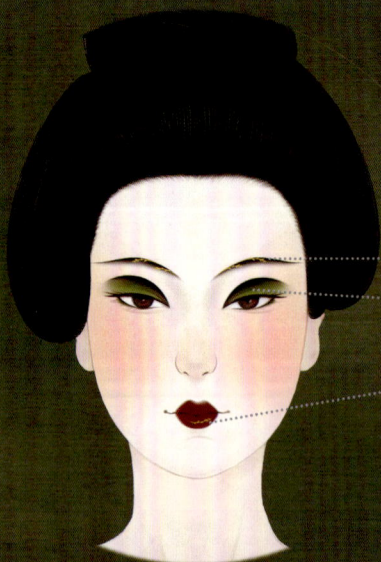

贴金浮云眉

前渐晕眼影

贴金朱红唇妆

- 陆 -

垂珠眉

渐层晕染眼影

黄色腮红

- 柒 -

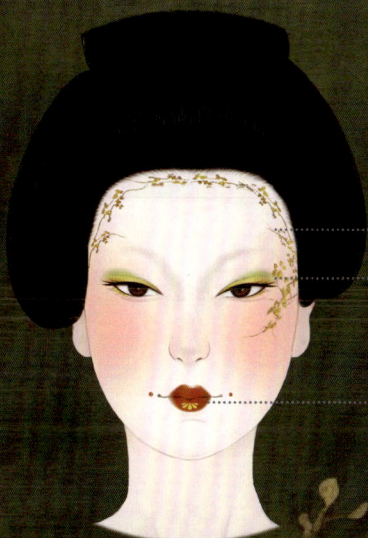

花藤手绘面妆

后移渐层眼影

花瓣点金唇妆

- 捌 -

远山眉渐晕变形
花藤贴金面妆

- 玖 -

-拾-

-拾壹-

-拾貳-

-拾叁-

-拾肆-

-拾伍-

唐妆容耀

- 拾陆 -

- 拾柒 -

- 拾捌 -

- 拾玖 -

- 贰拾 -

- 贰拾壹 -

垂珠眉

段式眼线

面颊渐晕腮红

花形面靥

－ 贰拾贰 －

眼部金箔点缀

水墨晕染眼影

金线点唇

－ 贰拾叁 －

眼部金箔点缀

黄绿渐层眼影

渐层腮红

－ 贰拾肆 －

- 贰拾伍 -

- 贰拾陆 -

- 贰拾柒 -

- 贰拾捌 -

- 贰拾玖 -

- 叁拾 -

- 叁拾壹 -

- 叁拾贰 -

- 叁拾叁 -

- 叁拾肆 -

- 叁拾伍 -

- 叁拾陆 -

唐妆容耀

远山眉

烟熏眼影

眼头白色提亮

雾面唇

– 叁拾柒 –

点金花钿

点金花瓣眼妆

黄色渐层眼影

金粉提亮唇妆

– 叁拾捌 –

三叶花钿

白色落叶面妆

– 叁拾玖 –

- 肆拾 -

- 肆拾壹 -

- 肆拾贰 -

- 肆拾叁 -

- 肆拾肆 -

- 肆拾伍 -

唐妆容耀

- 肆拾陆 -

- 肆拾柒 -

- 肆拾捌 -

- 肆拾玖 -

- 伍拾 -

- 伍拾壹 -

114 唐妆容耀

《捣练图》 张萱 美国波士顿美术博物馆藏

《捣练图》是唐代画家张萱的作品，是中国古代仕女画的重要代表作。此图描绘了唐代妇女在捣练、理线、熨平、缝制时的情景。图中执绢的妇女身躯稍向后仰，似在微微用力；认真专注的表情，端丽的仪容，展现了唐代妇女在捣练活动中的专注和从容。第 114 页图为《捣练图》执绢妇女的妆发复原。

【束发】

　　《捣练图》中执绢妇女梳着典型的倭堕髻，发髻自然地倾斜在一边。髻前还簪有五个精致的发钿，包括珠玉、金饰花簪，进一步丰富了发髻的层次感和装饰效果。

发式：倭堕髻，也被称为乌蛮髻，其最大的特点是发髻向额前俯偃。倭堕髻起源于汉代，最初在洛阳一带流行。随着唐代的繁荣和文化的高度发展，这种发型逐渐为贵族妇女和文人雅士所喜爱。

晚唐词人温庭筠在《南歌子·倭堕低梳髻》中写道："倭堕低梳髻，连娟细扫眉。终日两相思。为君憔悴尽，百花时。"这首词不仅描绘了倭堕髻的形态美，还表达了女子对爱情的痴情和期盼，体现出倭堕髻在当时的流行程度和文化内涵。

复原发饰佩戴效果侧面展示

复原发式侧面展示

【妆容】

《捣练图》中执绢妇女秀气的眉形，额间细致的青色花钿与翠色发钿彼此呼应，相得益彰，淡红色晕妆与小巧唇式更加凸显五官的精致。

眉形：小山眉，是一种精巧秀气的眉形，是远山眉的变形。远山眉形如远处的山峦，而小山眉在画法上更为细腻秀气，将远山眉的神韵细化，更能突显女子温柔婉约之感。

花钿：青色花钿属于植物类花钿，如梅花、桃花等。青色花钿的运用，使妆容犹如春日花园般生机盎然。

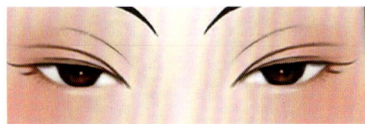

眼妆：颜色由深及浅，逐渐过渡，形成一种自然的红晕效果。这种晕染手法使得妆容更显立体感和层次感，眼线加长，使得面部上半部分的妆容更加协调。这种眼妆不仅突显了眼睛的神采，也使得面部整体妆容看起来更加精致，体现女子面容的清丽秀气。

整体妆容：小山眉和青色花钿的搭配，使妆容显得清丽秀气，柔美而精致。大面积淡红胭脂涂满整个脸颊搭配蝴蝶唇，显得脸型圆润。这种妆容不仅是为了美观，更是一种文化符号，象征着她们对生活的态度，充分体现了盛唐时期妇女丰衣足食的安逸生活。

唇式：蝴蝶唇，丰满圆润，唇脂颜色艳丽，以大红色为主，形成小巧红唇。唐代诗人岑参《醉戏窦子美人》中"朱唇一点桃花殷，宿妆娇羞偏髻鬟"生动地描绘了女性的唇妆，体现了盛唐女性在妆容上对色彩运用的精致和考究。

2.9　琪花瑶草妆容设计

　　唐代王毂《梦仙谣三首》其一："前程渐觉风光好，琪花片片粘瑶草。""琪花瑶草"象征着美丽、珍稀与高贵。"琪花"指稀有而美丽的花朵，"瑶草"则代表珍贵且优雅的草本植物，形容天地间极其美好、珍贵的事物。"琪花瑶草"可以应用于妆容的多个方面，如眼妆、腮红和唇妆等。通过运用粉色、紫色、金色等柔和而高贵的色彩，模仿花朵的细腻纹理和色泽，打造出宛如自然盛开的花朵般的妆容效果。唐代女性多以自然界中的珍稀花卉与草本植物作为灵感来源，将这些元素融入妆容中，彰显自己的独特审美。

绀宇	少艾	浅云	晴山	碧滋	库金	红踯躅	丁香	黄白游	山矾
[C:100 M:85 Y:35 K:15]	[C:15 M:0 Y:50 K:0]	[C:75 M:40 Y:90 K:0]	[C:40 M:20 Y:5 K:0]	[C:50 M:30 Y:55 K:0]	[C:10 M:55 Y:80 K:0]	[C:30 M:90 Y:30 K:0]	[C:20 M:50 Y:0 K:0]	[C:0 M:0 Y:50 K:0]	[C:5 M:5 Y:5 K:0]

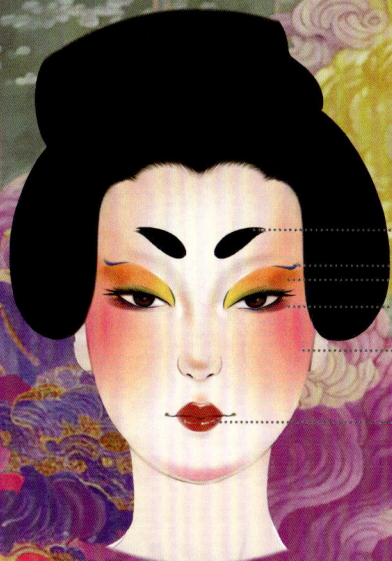

蛾眉变形

蓝色装饰线条

黄色渐变眼影

玫红下眼影

双色渐层腮红

水光感唇妆

— 壹 —

花形眉妆

粉色渐变眼影

眼头提亮

大面积粉色腮红

裸色亮唇妆

— 贰 —

三色倒钩眼影

眼下重点腮红

腮黄晕染

朱红色唇妆

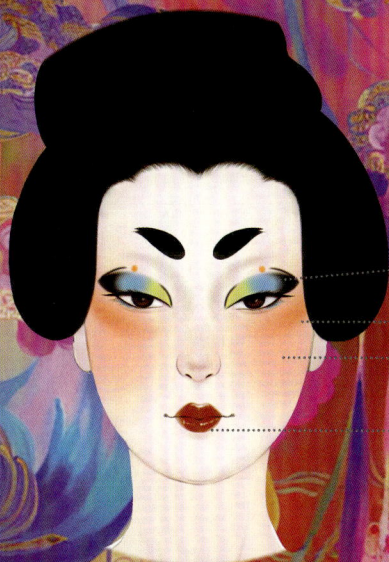

— 叁 —

极淡眉影
双段式渐变眼影
白色提亮
水光感唇妆
- 肆 -
柳叶眉渐晕变形
波点眼妆
粉色下眼线
- 伍 -
花卉纹样花钿
远山眉
前移眼影
黄粉双段式下眼影
- 陆 -

极淡眉影

双段晕染眼影

鼻尖腮红

— 柒 —

蝶翼形眼影

三段色晕染

盈粉水光唇

— 捌 —

123

花瓣层叠式渐晕眼影

大面积腮红

— 玖 —

- 拾 -

- 拾壹 -

- 拾贰 -

- 拾叁 -

- 拾肆 -

- 拾伍 -

唐妆容耀

-拾陆-

-拾柒-

-拾捌-

-拾玖-

-贰拾-

-贰拾壹-

双珠光眼影

眼头红黄渐变点缀

后移下眼影

- 贰拾贰 -

白色前内双眼影

眼头前移晕染

- 贰拾叁 -

远山眉上扬变形

波点涂抹眼妆

- 贰拾肆 -

唐妆容耀

- 贰拾伍 -

- 贰拾陆 -

- 贰拾柒 -

- 贰拾捌 -

- 贰拾玖 -

- 叁拾 -

－叁拾壹－

－叁拾贰－

－叁拾叁－

－叁拾肆－

－叁拾伍－

－叁拾陆－

唐妆容耀

远山眉渐层变形

花瓣眼妆

后移眼影

– 叁拾柒 –

额头胭脂

远山眉

后移眼影渐变晕染

– 叁拾捌 –

额头胭脂

上扬渐晕眉

花瓣形涂抹眼影

点状面靥

– 叁拾玖 –

- 肆拾 -

- 肆拾壹 -

- 肆拾贰 -

- 肆拾叁 -

- 肆拾肆 -

- 肆拾伍 -

唐妆容耀

- 肆拾陆 -

- 肆拾柒 -

- 肆拾捌 -

- 肆拾玖 -

- 伍拾 -

- 伍拾壹 -

唐妆容耀

　　《捣练图》是唐代画家张萱的作品，是中国古代仕女画的重要代表作。画中不仅展现了成年女子的劳动场景，也描绘了女童的形象，使整幅画作更具生活气息。在画中，有一名在绢下好奇窥视的女童，这个细节使画面更加生动有趣。第132页图为《捣练图》中绢下女童的妆发复原。

【束发】

　　《捣练图》中绢下女童，梳着三角髻，鬟髻绑有红绳，这种发束是典型的童女、少女发束，表示她尚未成年及笄。其变化不多，也可以称之为"丫髻"或者"髻丫"。

发式：三角髻也称"三髻丫"。将头发集束于顶，结成小髻，两边也分别编成小髻。通常由一束头发梳成三角形或类似三角形的形状，然后用丝绳或丝带扎成髻，有时会在髻上系上装饰性的红绳或丝带，以增加俏皮感。

"丫髻"或"髻丫"是一种非常简单、清新的发式，适合年幼的女孩子。唐代刘禹锡《寄赠小樊》有"花面丫头十三四，春来绰约向人时"的诗词。唐代女童和少女，也有独特的发型和装饰方式。她们的发式不仅体现了年龄和身份，还展示了唐代女性从小到大的美学培养和生活方式。

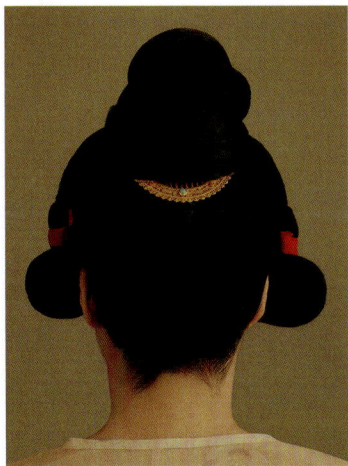

复原发饰佩戴效果背面展示

复原发式背面展示

【妆容】

唐妆容耀

《捣练图》中绢下少女的妆容以粉艳娇嫩为特点，这与古代女子孩童时期的妆容整体风格相符，以淡妆为主，胭脂涂抹较为淡雅。在古代，女童的妆容通常不会过于浓艳，而是注重展现出清新、淡雅的形象，以彰显天真可爱和纯洁无瑕。

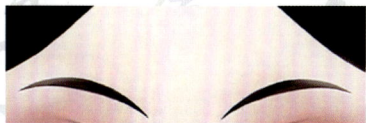

眉形：却月眉，又称月棱眉，这种眉形细长而弯曲，形如一钩弯月，两头尖锐，线条流畅，犹如新月初升，散发出一种独特的柔美和俏皮的气质。唐代诗人李白《越女词》中有"长干吴儿女，眉目艳新月"的诗句，其中"眉目艳新月"一句生动展现了却月眉的特点。

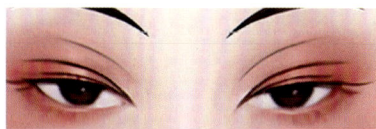

眼妆：眼妆采用了胭脂晕染的技法，从眼部延伸至面颊，色彩鲜艳清透，使妆容突显活泼可爱的特点。眼影的运用则显得眼睛更加修长，使整体妆容更加协调。

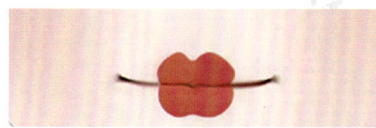

唇式：樱桃唇，少女的唇形稍作缩小，这种唇妆形式与眼部和腮红的妆容相得益彰，为整体妆容增添了一丝青春活泼的气息，展现了唐代少女纯真可人的美丽形象。

整体妆容：古代女童妆容自然清新，虽经精心修饰，但并无刻意化妆痕迹，用淡雅的色彩晕染眼部。胭脂、眼影、腮红、唇部色调协调统一，体现了当时人们对于自然美的尊重和追求。这种妆容风格与少女年龄特点相符合，展现了古代社会对于童真、清纯美的理解和欣赏。

宋代王质《雪山集·大慧禅师正法眼藏序》："余夜宿金山之方丈，不得寐，信手而抽几案文书，得此阅之，至洪炉点雪，恍然非平时之境。""洪炉点雪"，一捧雪洒进火炉，瞬间烟消云散，瞬息万变，不着痕迹。妆容设计强调的是通过细腻的技巧与色彩搭配，形成对比强烈的妆面效果，通过巧妙的色彩变化体现热情且含蓄的妆容风格，展现出女子勇于尝试、不断改变的独特与美丽。

桑蕾	石蜜	扶光	彤管	长春	美人祭	莲红	茶色	佩玖	山矾
[C:10 M:15 Y:45 K:0]	[C:20 M:25 Y:50 K:0]	[C:5 M:30 Y:35 K:0]	[C:10 M:45 Y:20 K:0]	[C:10 M:70 Y:30 K:0]	[C:25 M:75 Y:45 K:0]	[C:15 M:45 Y:15 K:0]	[C:55 M:55 Y:70 K:0]	[C:30 M:30 Y:40 K:15]	[C:5 M:5 Y:5 K:0]

渐变远山眉

红色妆靥

白色线条点缀

红色下眼影

雪花点唇妆

－壹－

额黄

渐变远山眉

大面积粉色眼妆

粉色腮红

粉色唇妆

－贰－

叠加花型远山眉

前后分段式红色眼妆

大面积侧腮红

红色花型面靥

朱红唇

－叁－

交叉眉妆

赭面

雪花面纹

朱唇

－ 肆 －

眉上点画晕染鹅黄

裂痕状眉形

太阳纹妆靥

雪花颗粒感朱唇

－ 伍 －

远山眉变形

黄色腮红

雪花装饰面妆

－ 陆 －

植物纹样花钿

段式晕染眼影

雾状腮红

嘴角点画妆靥

- 柒 -

远山眉变形

后移半圆眼影

黄色下眼影

朱唇

- 捌 -

植物纹样花钿

柳叶眉

圆形妆靥

- 玖 -

- 拾 -

- 拾壹 -

- 拾贰 -

- 拾叁 -

- 拾肆 -

- 拾伍 -

唐妆容耀

－拾陆－

－拾柒－

－拾捌－

－拾玖－

－贰拾－

－贰拾壹－

面纹连眉

红色眼影对角点缀

渐晕面纹

下巴腮红

- 贰拾贰 -

渐晕眉

前移眼影

白色面纹

鼻头腮红

- 贰拾叁 -

蝶翼眼影

上翘红色眼线

点妆面靥

- 贰拾肆 -

- 贰拾伍 -

- 贰拾陆 -

- 贰拾柒 -

- 贰拾捌 -

- 贰拾玖 -

- 叁拾 -

- 叁拾壹 -

- 叁拾贰 -

- 叁拾叁 -

- 叁拾肆 -

- 叁拾伍 -

- 叁拾陆 -

唐妆容耀

渐晕柳叶眉

眼角点红后移眼影

椭圆腮红

- 叁拾柒 -

红色涂抹感眼影

黄色下眼影

- 叁拾捌 -

野生眉

上翘渐晕眼线

渐变晕染眼影

眼头点画妆靥

- 叁拾玖 -

- 肆拾 -

- 肆拾壹 -

唐妆容耀

- 肆拾贰 -

- 肆拾叁 -

- 肆拾肆 -

- 肆拾伍 -

- 肆拾陆 -

- 肆拾柒 -

- 肆拾捌 -

- 肆拾玖 -

- 伍拾 -

- 伍拾壹 -

唐妆容耀

《捣练图》 张萱 美国波士顿美术博物馆藏

《捣练图》是一幅长卷式画作，通过刻画十二个人物形象，将劳动场景生动地展现在观者面前。画面按照劳动工序分为捣练、织线、熨烫三组场景。第二组场景中的人物则是坐在凳子上缝纫的妇女。《捣练图》生动地展示了不同工序中人们的劳动场景和专注态度，使观者更加深入地感受到了唐代女性在劳动中的美与勤劳。第150页图为《捣练图》缝纫妇女的妆发复原。

【束发】

　　《捣练图》中缝纫妇女梳着高大蓬松的义髻，发髻上饰有三个金底三彩发钿，彰显富贵华丽。这些发饰不仅修饰了发型，更突显了当时妇女在日常生活中对于美的追求和对自身形象的重视。

发式：义髻，作为古代的一种发饰，源自汉代，最初是为了解决头发稀疏问题而被女性采用。当时的义髻多由木头、纸或布制成，主要是为了增加发髻的蓬松度和高度。唐代时期，义髻的制作工艺更加成熟，成为盛唐时期女性发型的重要组成部分。

义髻形态各异，可以根据个人的喜好和搭配需求来选择。义髻的设计反映了时代的审美趋势和文化氛围，不仅是为了达到美观需求，更是为了展现社会地位和身份，是唐代女性妆容和装饰的重要元素之一。

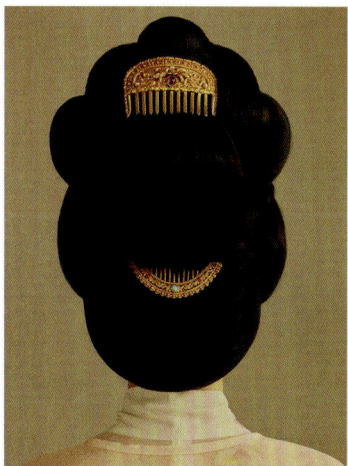

复原发饰佩戴效果背面展示

复原发式背面展示

【妆容】

唐妆容耀

《捣练图》中描绘的缝纫妇女的妆容婉约典雅，展现了盛唐时期女性的典雅风貌。妆容色彩注重细节，三彩发饰的搭配体现了当时女性对美的追求和审美的标准。

眉形：远山眉，眉色如烟云中平缓浮现的一脉远山，细长而弯曲，既柔美，又含蓄。正如韦庄在《荷叶杯·绝代佳人难得》中所描述的："绝代佳人难得，倾国。花下见无期，一双愁黛远山眉，不忍更思惟"。

花钿：以淡青色为底色，在中间点缀青绿色，使得花钿更有层次感。

眼妆：淡粉色胭脂从眼部开始晕染，中间点施珍珠粉提亮，这种眼妆画法富有层次感，给人清新自然的美感。淡粉色不仅增加了面部的立体感，还与肤色相得益彰，显得更加娇嫩。这种眼妆技法在唐代非常流行，被称为"桃花妆"，不仅能突出女性眼部的轮廓，还能与整体妆容协调，增强面部的柔美感。

整体妆容：远山眉、青色花钿搭配桃花妆以及较小的花瓣唇，整体妆容体现了唐代女性对美的热烈追求。妆容色调偏向桃红，这种色彩衬托出女子面部的红润健康感，侧面反映了盛唐的繁荣之感。

唇式：花瓣唇，是唐代妆容中经典的唇妆之一。这种唇妆强调嘴唇的中央部位，通过微微收敛的唇形和深红色的唇脂，使得嘴唇看起来如盛开的花瓣般娇艳欲滴。

2.13　冰洁渊清妆容设计

汉代孔融《卫尉张俭碑》："君禀乾纲之正性，蹈高世之殊轨，冰洁渊清，介然特立。""冰洁渊清"形容人的品德高尚、纯洁无瑕，表达对人高尚品德的赞扬。在妆容上，形容清澈透明、纯净无瑕、冰清玉洁，有一种源于大自然宁静与纯净的意象，可运用冷色调打造妆容来展现清新雅致的气息。

绀宇	缟羽	浅云	晴山	青冥	铜青	龙膏烛	丁香	监德	紫苑
[C:100 M:85 Y:35 K:15]	[C:0 M:0 Y:0 K:10]	[C:75 M:40 Y:90 K:0]	[C:40 M:20 Y:5 K:0]	[C:80 M:50 Y:10 K:0]	[C:75 M:30 Y:50 K:0]	[C:10 M:60 Y:10 K:0]	[C:20 M:50 Y:0 K:0]	[C:60 M:35 Y:0 K:0]	[C:60 M:50 Y:0 K:0]

柳叶眉变形

粉紫色眼妆珠光点缀

细长眼线

上下白色高光线条
深紫色面靥
紫色系唇妆

－ 壹 －

柳叶眉

蓝绿色眼影叠加

眼部亮片装饰高光

小面积淡粉色腮红

粉色唇妆

－ 贰 －

水波纹样花钿

眼窝淡蓝色线条装饰

笔触式水蓝色眼影

蓝色面靥

亮裸色唇妆

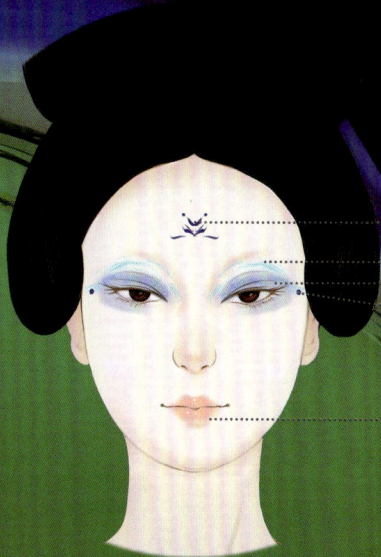

－ 叁 －

極細柳叶眉

假双眼线

水蓝腮红

盈粉雾面唇

－肆－

極细八字眉

暮紫纹样眼影

白色珠光提亮

盈粉水光唇

唐妆容耀

－伍－

水仙纹样花钿

笔触刷痕眼影

盈粉水光唇

－陆－

心形纹样花钿

段式包围眼影

眼尾重色点缀

雾面唇

- 柒 -

极细八字眉

白巴坭光提亮眼影

月牙装饰眼线

- 捌 -

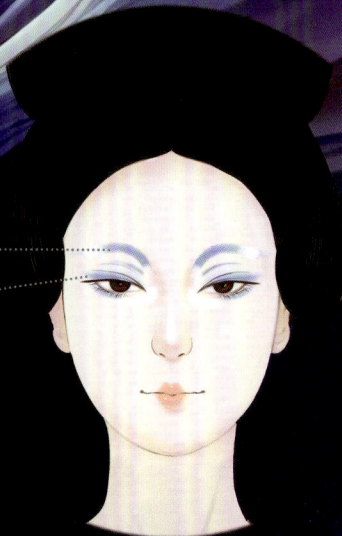

蓝色眉影

碧蓝渐层眼影

- 玖 -

- 拾 -

- 拾壹 -

- 拾贰 -

- 拾叁 -

- 拾肆 -

- 拾伍 -

唐妆容耀

- 拾陆 -

- 拾柒 -

- 拾捌 -

- 拾玖 -

- 贰拾 -

- 贰拾壹 -

宝相纹样花钿

渐层眼影

眼角高光提亮

水光樱桃唇

- 贰拾贰 -

三层倒晕眉

段式晕染眼影

白色装饰眼线

盈粉腮红

- 贰拾叁 -

垂珠眉变形

珠光段式晕染眼影

- 贰拾肆 -

- 贰拾伍 -

- 贰拾陆 -

- 贰拾柒 -

- 贰拾捌 -

- 贰拾玖 -

- 叁拾 -

－叁拾壹－

－叁拾贰－

－叁拾叁－

－叁拾肆－

－叁拾伍－

－叁拾陆－

唐妆容耀

水花纹样花钿

眼尾点画妆靥

白色浪花面纹

盈粉水光唇

－ 叁拾柒 －

八字眉

水纹渐层眼影

装饰绿色眼线

雾面花瓣唇

－ 叁拾捌 －

水珠形花钿

碧蓝水纹眼影

雾面唇

－ 叁拾玖 －

- 肆拾 -

- 肆拾壹 -

- 肆拾贰 -

- 肆拾叁 -

- 肆拾肆 -

- 肆拾伍 -

唐妆容耀

- 肆拾陆 -　　　　　　　　- 肆拾柒 -

- 肆拾捌 -　　　　　　　　- 肆拾玖 -

- 伍拾 -　　　　　　　　- 伍拾壹 -

叁

中唐

中唐时期（756—824年）是唐朝历史的转折点，这一时期的艺术风格和女子的装束造型也发生了一定的转变。在艺术方面，中唐时期的艺术创作更加注重表现情感和内心世界，强调个性和创新。因此，很多奇特的妆容以空前绝后之势出现在中唐时期。此时女子的装束造型注重线条的流畅和色彩的搭配，常用的颜色有红、绿、紫等，呈现出浓烈的艳丽感。发型上，女子们喜欢梳高发髻，配以各种精美的发饰，如金钗、银簪等，显得高贵而典雅，展现出中唐女子的华丽气质。

3.1　中唐的历史介绍

　　中唐时期是中国历史上一个充满变革与动荡的时代。这一时期的政治、经济、社会、文化、科技等方面都发生了诸多变革，深刻影响了中国历史的发展进程。中唐时期的历史事件和文化背景对唐妆产生了具体而深远的影响。战争使唐朝的政治格局发生剧变，国力逐渐衰退，但各阶级穷奢极欲，因此，中唐至晚唐时期，女子妆容并未重返简朴之风，反而比盛唐更为雍容华贵。

　　中唐时期，佛教文化的元素开始更深入地融入妆容之中。一些女性会在妆容中采用佛教纹样或色彩，以体现对宗教的信仰和追求。例如，吴道子就以佛教题材画作著称，其作品中观音菩萨和天女的形象也影响了世俗女性的妆容。观音菩萨的慈祥面容和天女的美丽形象，特别是其精致的眉眼和柔和的面部表情，启发了女性在妆容上的创新。敦煌莫高窟的壁画中保存了大量唐代佛教艺术，这些壁画中的天女、飞天形象，大多面容精致、妆容鲜明，展现了当时流行的妆容和发型，反映了当时的化妆技艺和审美观念。

　　中唐时期的诗歌、绘画等艺术形式的繁荣为女性妆容的创新提供了灵感。张萱和周昉是唐代著名的仕女图画家，他们的作品如《虢国夫人游春图》和《簪花仕女图》都展示了唐代贵族妇女的妆容和服饰。《虢国夫人游春图》中的女子大多画着细长的柳叶眉，涂有鲜艳的口红，脸部粉白；而《簪花仕女图》中的女子，眉形短阔，末端上扬，如桂树的叶子。两幅作品描绘了典型的唐代女性美，直接影响了女性对妆容的追求和模仿。杜牧的《秋夕》一诗中写道："银烛秋光冷画屏，轻罗小扇扑流萤。天阶夜色凉如水，卧看牵牛织女星。"虽然主要描绘的是环境和心境，但"银烛秋光"中隐含了妆容在烛光下的美丽，体现了妆容与环境的和谐美。诗人们通过诗歌赞美女性的美丽，而画家们则通过绘画展现女性的妆扇和仪态，这些艺术形式相映成趣，也推动了妆容的具体化和创新。

　　中唐时期社会风气的转变也影响了妆容的流行趋势。元稹《叙诗寄乐大书》叙及贞元中的女子妆饰："近世妇人晕淡眉目，缩约头鬓，衣服修广之度及匹配色泽，尤剧怪艳。"可见变易之风已起。中唐至晚唐时期，女子的发型并没有随国运衰败而重返简朴之风，反而比盛唐的时候更为繁复，而华贵富丽之余，开始流露出一种慵懒、无力、散漫的消极感。

　　中唐时期的妆容打破了中国传统的粉白黛黑、皓齿朱唇的审美习惯，如白居易《时世妆》中"腮不施朱面无粉。乌膏注唇唇似泥，双眉画作八字低。妍媸黑白失本态，妆成尽似含悲啼。圆鬟无鬓堆髻样，斜红不晕赭面状。"即展示了中唐女性典型的妆容，反映出当时女子妆容融合了汉、胡多种妆饰习惯的特点，所以白居易在篇末感慨"髽椎面赭非华风"。

3.2 《簪花仕女图》第五位仕女妆发复原

唐妆容耀

《簪花仕女图》传为唐代周昉基调的一幅绢本设色画，现藏于辽宁省博物馆。画中描绘了六位衣着艳丽的贵族妇女及其侍女于春夏之交赏花游园的情景。图中为左起第五位仕女，这位仕女头梳簪花高髻，发髻上精心装饰着多种首饰，前额发髻上簪有步摇首饰花，发髻前端则簪插一朵艳丽的牡丹花，象征着富贵与美丽，显示出她的尊贵身份。其纱衫上有深白色的菱形纹样，长裙的颜色鲜明，以朱红为底色，上面均匀地分布着紫绿色的团花图案，给人一种典雅、富丽的感觉。这些图案在经纱衫的掩盖下，平添朦胧之感，但依然透出丝丝华丽。仕女身披褐色的帔子，上面彩绘着云凤纹样，帔子优雅地垂向后方。她轻举右手，用纤细的食指和拇指提起贴于颈部的纱衫领子，显得有些不胜初夏闷热气候的样子。她的左手从纱衫的侧面伸出，向着背后嬉戏的小狗打招呼，显得自然而随性，充满了生活气息。第172页图为左起第五位仕女的妆发复原。

【束发】

　　《簪花仕女图》中第五位仕女束簪花高髻，发髻上的步摇、花钗、牡丹花，令整个造型富贵华丽，不仅展现了唐代女性对发型的独特审美，也体现了唐代女性对发束细节的精致追求。

发式：峨髻，簪花高髻是唐代上层贵族妇女流行的发式，而峨髻是其中最具代表性的样式。其特点是将头发夹得很高，顶部分层卷梳，显得格外高耸和雍容华贵。这样的高髻通常会用金属丝或木头制成框架，然后从外面涂上黑漆或加以布帛制作而成，以增加头发的蓬松度和高度。顶部分层卷梳后，再饰以金簪或步摇，使整个发型更加精致。头上簪花是牡丹，象征富贵，与高髻搭配，显得华丽无比，进一步体现了唐代贵族女性的身份与地位。

簪花高髻在唐代是上层贵族妇女常见的发型。唐代温庭筠《菩萨蛮·小山重叠金明灭》中的"小山重叠金明灭，鬓云欲度香腮雪"和李贺《河南府试十二月乐词·二月》中的"金翘峨髻愁暮云，沓飒起舞真珠裙"生动地展现了峨髻的细节，突显出唐代女性对美的极致追求。白居易的《长恨歌》中提到的"云鬓花颜金步摇"不仅描绘了唐代女性的美丽容颜和精致发饰，也展示了她们生活中的优雅与奢华。

复原发式侧背面展示

【妆容】

唐妆容耀

复原仕女妆容精致
考究，尤其体现在眉毛
的画法上，宽阔而浓重
的眉毛是整个妆容的亮
点。整体妆容表现出娇、
奢、雅、逸的气息和唐
代贵族女性温柔、动人
的气质。

眉形：蛾眉，是一种极具特色的眉形，形似蝴蝶的前翅，眉形宽阔，整体呈现出一种蝴蝶展翅的形态。眉色晕染有层次感。画眉前，首先要将眉腰、眉尾部分剃光，只留下眉头部分，再根据眉头的眉毛生长方向重新描绘。蛾眉浓淡相间，既不显得过于厚重，又能突出眉形的立体感，宛若墨蝶飞舞，增添了几分灵动与雅致之感。

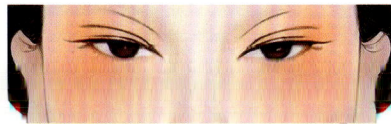

眼妆：凤眼，狭长的丹凤眼是唐代女性常见的眼妆特点，强调眼睛的深邃和妩媚。眼线和眼影向眼尾延长，形成一种上扬的弧线，眼影层层晕染，从眼部到眼尾，形成自然的过渡。这样的眼妆能够很好地衬托出女子的眼波流转，使女子显得温柔贤淑。

整体妆容：仕女的妆容将蛾眉与凤眼搭配，显得眼神极为大气妩媚。较小的唇式又均衡了整体妆感。唐代诗人元稹《恨妆成》中的"凝翠晕蛾眉，轻红拂花脸"生动地描述了当时妇女精致的妆容。

唇式：樱桃唇，是唐代女性追求的小巧红唇，常用点唇的画法，先用白粉覆盖原有唇色，再用红色唇脂在唇部中央点画出小巧的唇形，形成樱桃小口的效果。唇脂颜色多为鲜艳的红色，既能突显唇部的精致，又与整体妆容相得益彰。

唐代李白《清平调·其一》："云想衣裳花想容"，寥寥七字即把杨贵妃写得如穿霓裳羽衣的仙女一般，给人以花团锦簇之感，看到斑斓的彩云就会想到美人衣饰的华美，看到娇艳的花朵就联想起美人如花似玉的容貌。"云想花容"多描绘女子妆容的清新淡雅，云与花用拟人的修辞手法，表达柔和、温婉的美丽意境。这种妆容强调自然感和轻盈感，让人看起来清新自然、充满活力。

凝脂	米汤娇	黄白游	细叶	栾华	浅云	品月	空青	杨妃	美人祭
[C:0 M:70 Y:75 K:0]	[C:0 M:80 Y:95 K:0]	[C:0 M:25 Y:0 K:0]	[C:10 M:65 Y:20 K:0]	[C:30 M:5 Y:50 K:0]	[C:75 M:40 Y:90 K:0]	[C:0 M:5 Y:65 K:0]	[C:0 M:30 Y:80 K:0]	[C:0 M:55 Y:20 K:0]	[C:25 M:75 Y:45 K:5]

花卉纹样花钿

柳叶眉变形

红黄渐层眼线

花瓣形妆靥

雾状腮红

三角形樱桃唇变形

- 壹 -

桂叶眉

金丝云纹装饰

圆形腮红

裸橘色樱桃唇

- 贰 -

细长眉

牡丹纹样眼妆

裸橘色腮红

雾妆面靥

雾状樱桃唇

- 叁 -

倒月牙眉形

四色段式眼影

米色点状腮红

渐晕樱桃唇

－肆－

牡丹花钿

眼尾黄色点缀

云纹眼影

雾面唇

－伍－

柳叶眉变形

山水云纹不对称式眼影

牡丹花面靥

－陆－

唐妆容耀

烟云创意彩妆眉形

假双包围式眼影

牡丹面靥

渐晕水光唇

－柒－

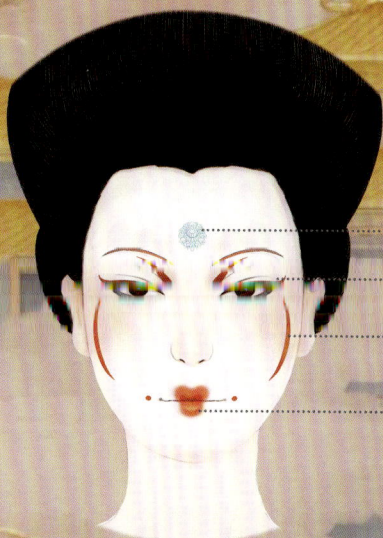

宝相花钿

橙色装饰眼线

月牙斜红

雾面花瓣唇

－捌－

雾面远山晕染

珠光蝶翼眼影

－玖－

- 拾 -

- 拾壹 -

唐妆容耀

- 拾贰 -

- 拾叁 -

- 拾肆 -

- 拾伍 -

- 拾陆 -

- 拾柒 -

- 拾捌 -

- 拾玖 -

- 贰拾 -

- 贰拾壹 -

云烟状细眉

假双眼影云烟点缀

雾状不规则腮红

雾面唇

- 贰拾贰 -

倒月牙眉

银色凤眼眼线

蝶翼面颊彩妆

水光樱桃唇

- 贰拾叁 -

柳叶眉变形

凤冠眼影

四叶花形面靥

- 贰拾肆 -

－贰拾伍－

－贰拾陆－

－贰拾染－

－贰拾捌－

－贰拾玖－

－叁拾－

- 叁拾壹 -

- 叁拾贰 -

- 叁拾叁 -

- 叁拾肆 -

- 叁拾伍 -

- 叁拾陆 -

唐妆容耀

倒柳叶眉

雾状眼影

云烟纹斜红

点画面靥

- 叁拾柒 -

倒钩眉影

孔雀蓝花形眼影

黄色雾状腮红

渐晕水光樱桃唇

- 叁拾捌 -

柳叶眉变形

截段不规则金色眼影

点画面靥

- 叁拾玖 -

- 肆拾 -

- 肆拾壹 -

唐妆容耀

- 肆拾贰 -

- 肆拾叁 -

- 肆拾肆 -

- 肆拾伍 -

- 肆拾陆 -

- 肆拾柒 -

- 肆拾捌 -

- 肆拾玖 -

- 伍拾 -

- 伍拾壹 -

唐妆容耀

《簪花仕女图》 传为唐代周昉绘制 辽宁省博物馆藏

《簪花仕女图》中不仅描绘了贵族妇女，还描绘了一位手执长柄团扇的侍女，团扇上绘有盛开的牡丹，红花绿叶相衬，格外亮丽。这位侍女的装扮与卷中的其他贵族仕女有所不同，呈现出一种简洁而优雅的风格。浓密的黑发，梳成两个十字相合的发髻，中间用红缎带将发髻束在一起，显得既稳重又不失美感。她衣着朱色菱角纹的斜领衣服，从领口处露出部分白色圈花的纱带，纱带绕过纱衫一圈，在腹前打了一个结子，增加了一丝随性与自然的感觉。鞋尖从彩色的衬裙下露出，这种鞋子的设计不仅舒适，也显示出她身份的特殊和与众不同。这位侍女显得安详却又若有所思，与周围嬉戏的贵族妇女形成鲜明对比。其神情透露出一种内敛的美丽和沉稳的气质，仿佛在思考着什么事情，又或是沉浸在自己的世界中。对其细腻表情的刻画，让人们不仅看到了其外在的美丽，还感受到了她内心的深度。第190页图为执扇侍女的妆发复原。

【束发】

　　《簪花仕女图》中的执扇侍女，她的造型相对简单，没有繁杂的饰物。发髻简洁，仅用红缎带束在一起，没有其他华丽的装饰。这样的打扮虽然简单，却不失优雅，突出了她内在的美丽和独特的气质。

发式：双环髻，发髻呈环形，高耸于头顶两侧，可以承插各种装饰品，如小梳子、簪钗等，而且不易散落，因此这种发型在唐代侍女中非常流行。其梳法是先将头发中分为两股，各用丝绦缚住，再向上各盘卷成一环形，用簪钗固定。侍女的发髻相对简化了许多，显得更加朴素和自然，仅用一根红色发带束住秀发，避免了繁复的装饰。两根金钗固定住浓密的头发，既保持了发髻的形状，又不失端庄之感。

双环髻起源于魏晋南北朝时期，一般是少女梳则，但也有少数妇女梳此发型。在南朝时，妇女多在发顶正中分成髻鬟，做成上竖的环式，谓之"飞天髻"，先在宫中流行，后在民间普及。

复原发式背面展示

【妆容】

唐妆容耀

执扇侍女妆容红润自然，眉形宛若风中飘落的桂叶，显得素雅柔和，嘴唇犹如含苞待放的花朵，面部泛起淡淡的红晕，呈若有所思之态。

眉形：桂叶眉，短阔之眉，因其形状如同桂叶而得名。画眉前，首先要将眉毛的眉腰、眉尾部分剃光，只留下眉头部分，根据眉头眉毛的生长方向重新描绘。桂叶眉和蛾眉画法相近，但形态不像蛾眉般大气妩媚，桂叶眉的形态更显素雅、柔和之美。

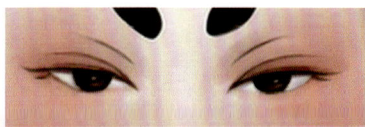

眼妆：红妆，将红粉、胭脂用晕染的方式涂染在眼部和脸颊，营造出一种柔和而自然的红润效果。这种妆容既能突出她们的面部轮廓，又不会显得过于浓重。

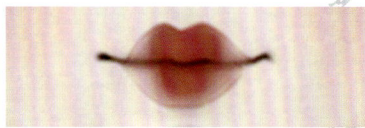

唇式：花瓣唇，轮廓分明，线条圆润，形似花瓣。先用白粉打底，覆盖原来的唇色，然后用唇脂点画唇形，看似嘴唇很小。

整体妆容：红妆主要使用红粉和胭脂，在中唐时期非常流行，但侍女的妆容整体上还是以淡妆为主。红粉通常是由红色的矿物质制成，颜色艳丽，但在使用时会加以调和，变得更加自然柔和。这种淡妆不仅能体现出她们的自然美，即"淡妆浓抹总相宜"，注重自然和谐的美感，也体现了中唐时期侍女追求自然之美的风尚。面颊大面积胭脂晕染，颜色从眼部到脸颊逐渐变淡，呈现出自然红润的效果。这种妆容不仅能够修饰脸型，使其看起来更加风韵迷人，还能凸显女性的温柔和美丽。

唐代杨玉环《赠张云容舞》："罗袖动香香不已，红蕖袅袅秋烟里。轻云岭上乍摇风，嫩柳池边初拂水。"罗袖生香，女子的罗袖散发出迷人的香气，侧面烘托出女子美丽动人，令人倾倒。"罗袖"一词指的是古代女子服饰中宽大的袖子，通常由轻薄的丝绸制成，轻盈飘逸。"生香"则形容女子自带香气，这种香气不仅来自她们身上的自然体香，更来自她们的气质、内涵和魅力。总的来说，"罗袖生香"形容女子不仅外貌出众，更有着迷人的气质和魅力，令人为之倾倒。

天球	月魄	洛神珠	密陀僧	伽罗	品月	孔雀蓝	朱蓝	青雀头黛	京元
[C:15 M:10 Y:25 K:0]	[C:35 M:25 Y:25 K:0]	[C:15 M:90 Y:100 K:0]	[C:30 M:40 Y:75 K:10]	[C:60 M:60 Y:80 K:20]	[C:50 M:25 Y:10 K:10]	[C:70 M:30 Y:10 K:0]	[C:85 M:50 Y:20 K:10]	[C:85 M:70 Y:45 K:10]	[C:80 M:75 Y:80 K:45]

浮云眉变形

桂叶形倒晕眼影

晕染红色腮红

花形面靥

蝴蝶形唇妆

- 壹 -

贴金柳叶眉

桂叶形眼妆

彩色眼部装饰线条

肉粉色腮红

裸棕色哑光唇妆

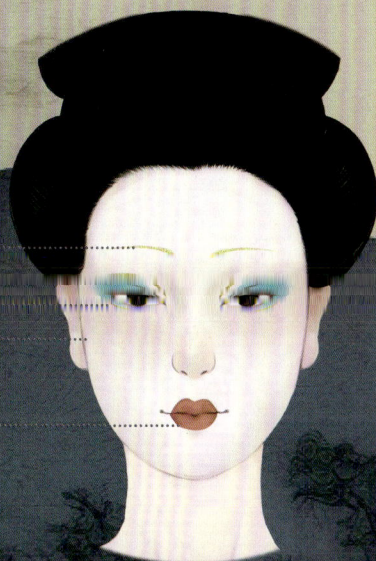

- 贰 -

点金蛾眉

水滴状晕染眼影

裸色腮红

红棕色哑光唇妆

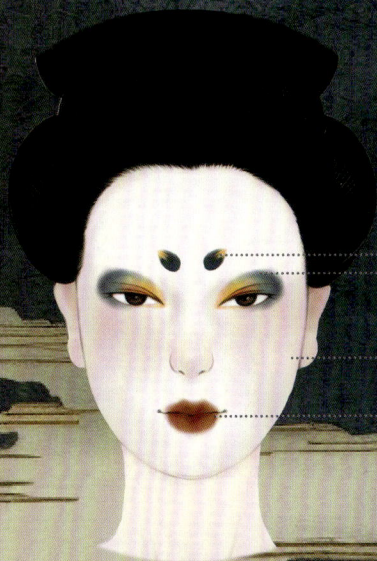

- 叁 -

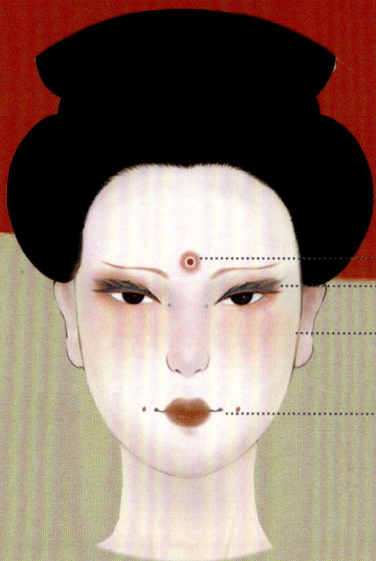

点画渐晕花钿

红蓝双色渐层眼影

雾感腮红

雾状渐晕唇妆

- 肆 -

桂叶眉

云烟眼影

面颊点画妆靥

水光渐晕唇妆

- 伍 -

柳叶眉加长

碧蓝眼影

哑光唇妆

- 陆 -

火焰状眉影

段式渐晕眼影

半圆形腮红

樱桃唇妆

- 柒 -

落日晚霞花钿

涵烟眉变形

橘色倒钩眼影

眼角点画妆靥

- 捌 -

云纹水墨彩妆

下眼点画妆靥

竖条纹创意唇妆

- 玖 -

- 拾 -

- 拾壹 -

- 拾贰 -

- 拾叁 -

- 拾肆 -

- 拾伍 -

唐妆容耀

- 拾陆 -　　　　　　　　　　　　　　- 拾柒 -

- 拾捌 -　　　　　　　　　　　　　　- 拾玖 -

- 贰拾 -　　　　　　　　　　　　　　- 贰拾壹 -

远山眉变形

金粉柔蓝双段眼影

雾感腮红

金枝创意唇妆

- 贰拾贰 -

金粉点缀花钿

金粉柔蓝渐层眼影

- 贰拾叁 -

金粉扇形眼影

红色下眼线

- 贰拾肆 -

- 贰拾伍 -

- 贰拾陆 -

- 贰拾柒 -

- 贰拾捌 -

- 贰拾玖 -

- 叁拾 -

- 叁拾壹 -

- 叁拾贰 -

- 叁拾叁 -

- 叁拾肆 -

- 叁拾伍 -

- 叁拾陆 -

唐妆容耀

双色截段眉影

双段眼影

雾状腮红

哑光唇妆

- 叁拾柒 -

桂叶眉

段式晕染眼影

面颊点画妆靥

晕染水光唇妆

- 叁拾捌 -

柳叶眉变形

金粉倒钩眼影

- 叁拾玖 -

- 肆拾 -

- 肆拾壹 -

- 肆拾贰 -

- 肆拾叁 -

- 肆拾肆 -

- 肆拾伍 -

唐妆容耀

- 肆拾陆 -

- 肆拾柒 -

- 肆拾捌 -

- 肆拾玖 -

- 伍拾 -

- 伍拾壹 -

《唐人宫乐图》 佚名 台北故宫博物院藏

《唐人宫乐图》为唐代的绢本墨笔画，描绘了后宫嫔妃十人围坐在一张巨大的方桌四周的情景，既有品酒的场面，也有行酒令的场景。这幅画生动地再现了唐代宫廷生活的奢华与欢愉，展示了当时后宫嫔妃们的日常娱乐活动。图中女子端着酒杯看向一侧，妆容极具特色，八字啼眉与粉色腮红相呼应，展现出女子"悲秋似啼"的神态，也反映了唐代审美风尚中的一种"哀感顽艳"的美学倾向。第208页图为《唐人宫乐图》中手持酒杯妃子的妆发复原。

【束发】

　　图中女子梳着堕马髻，右侧插有两支金钗，发髻上还插有金梳、玉翠以及金钿。发髻右侧的金钗与左后侧的堕马髻形成了一种微妙的平衡感，展现出一种独特的华贵感。

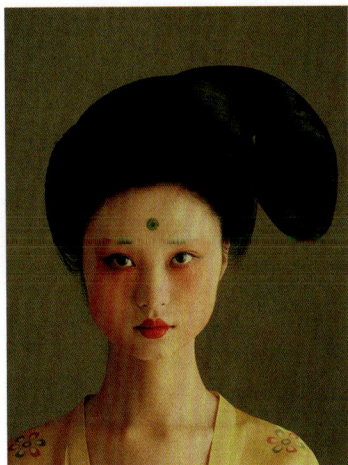

发式：堕马髻，髻形如马鬃下垂而得名。这种发髻略偏于一侧，给人一种不平衡的感觉，令人耳目一新。该发式的梳法是将头发梳成一束，然后让其自然垂萌，形成一种蓬松而优雅的造型。这种发型不仅方便舒适，也能彰显女子的温婉和高贵。唐代贵族妇女，在堕马髻上插入各种饰品，金钗、玉簪、步摇等，以显示她们的富贵和身份。

堕马髻起源于汉代，后来在唐代得到进一步发展和流行。《全唐诗·陌上行》载："堕马髻者，侧在一边……始自梁冀家所为，京师翕然效之。"堕马髻这种发型是由梁冀家的女性创造的，后来很快在京师流传开，为许多人所效仿。

复原发饰佩戴效果背面展示

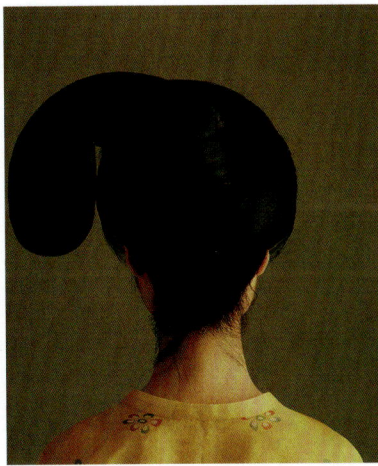

复原发式背面展示

【妆容】

唐妆容耀

《唐人宫乐图》
中手持酒杯的妃子，
其妆容分界明显的红
色胭脂营造出喝酒过
多的感觉，八字的眉
形好似伤心啼哭一
般，惹人怜爱。

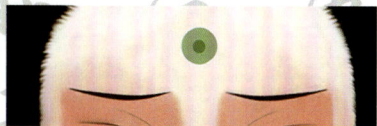

眉形：八字啼眉，形如皱眉，唐代中期至晚期特别流行。宋高承《事物纪原》记载，"汉武帝令宫人扫八字眉"，后历代相沿袭，尤其在唐朝中、晚期特别流行。

花钿：花卉类花钿，深绿花蕊点缀，嫩绿花瓣勾边，显得生动立体。

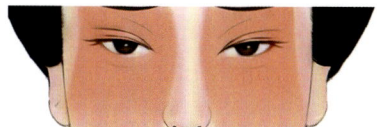

腮红：二白妆，两颊正桃红色，额头、鼻子和下颌三处均呈白色。在化妆时先抹白粉，再涂胭脂，胭脂往往涂抹于面颊部位，用大面积的脂粉涂抹，使肤色呈现出细腻而白皙的效果。

整体收容，堕马髻和二白妆加上八字啼眉，犹如女子从马上摔落之态，增加了女子妩媚之感。妆容以雍容浮夸为美，用胭脂涂抹在脸颊两侧，眉间再添以色泽艳丽的花钿，与白皙的底妆形成对比。整个妆面端庄大气，妩媚动人，展现出大唐的风范。

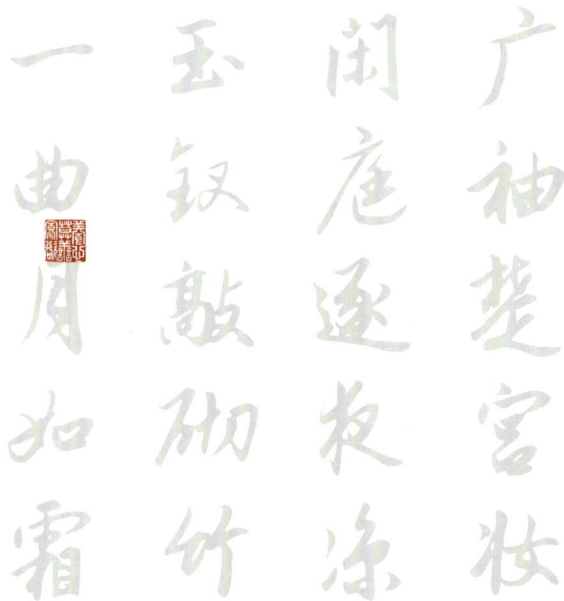

唇式：樱桃唇，鲜艳而饱满，唇色呈现为绛红色，以小巧为主。这种唇色不仅突显了女子的嘴唇之美，也预示着唐朝社会文化的转变。

"回眸一笑百媚生，六宫粉黛无颜色"出自唐代白居易的《长恨歌》。杨贵妃的美丽和魅力是如此之高，以至于任何妆容都无法与之相比，所有的妆容和颜色在她的面前都黯然失色。

"粉黛"在古代是女子化妆时所用的白粉和青黑色的颜料，分别用于涂面和画眉，是古代女子妆容的基础。而"凝珠"则形象地描绘了这些化妆品在女子脸上所呈现出的状态，宛如清晨的露珠凝结，晶莹剔透，给人一种自然又华美的状态，充满了女性特有的魅力和韵味。

凝脂	余白	朱柿	茗荣	黄丹	苏梅	优昙云瑞	齐紫	青黛	佛头青
[C:5 M:5 Y:10 K:0]	[C:25 M:15 Y:25 K:0]	[C:0 M:70 Y:70 K:0]	[C:0 M:70 Y:75 K:0]	[C:0 M:80 Y:95 K:0]	[C:10 M:65 Y:20 K:0]	[C:70 M:65 Y:0 K:0]	[C:70 M:100 Y:30 K:0]	[C:80 M:75 Y:50 K:15]	[C:100 M:95 Y:50 K:0]

花瓣形花钿

深棕色柳叶眉

眼尾深红晕染

三白妆变形

多层花瓣唇妆

－壹－

花形花钿

极细柳叶眉

多层次眼妆

花瓣形橙色腮红

蝴蝶唇变形

－贰－

黑白上扬眼线

蝴蝶形眼妆

大面积腮红

蝴蝶唇变形

－叁－

垂珠眉

三段蝶翼眼影

眼部金粉提亮

渐晕樱桃唇妆

－肆－

眉头小山妆靥设计

蝶翼晕染眼影

橘红色眼线点缀

花瓣唇妆

－伍－

月棱眉

云纹眼妆

金色后移眼影

－陆－

宝相花钿

段式渐晕眼影

黄色腮红

花瓣唇妆

— 柒 —

蛇纹眉形

后移眼影

蛇纹眼线点缀

鼻尖腮红

— 捌 —

极细浮云眉

渐层蝶翼眼影

花形妆靥

— 玖 —

- 拾 -

- 拾壹 -

- 拾贰 -

- 拾叁 -

- 拾肆 -

- 拾伍 -

－拾陆－ －拾柒－

－拾捌－ －拾玖－

－贰拾－ －贰拾壹－

远山眉变形

蝶翼状上下双色渐层眼影

金色珠光点缀

金色珠光樱桃唇妆

- 贰拾贰 -

上扬柳叶眉

点画笔触眼影

圆形面靥

金粉樱桃唇妆

- 贰拾叁 -

蛇纹眉形

后移眼影

雾状连心腮红

- 贰拾肆 -

- 贰拾伍 -

- 贰拾陆 -

- 贰拾柒 -

- 贰拾捌 -

- 贰拾玖 -

- 叁拾 -

- 叁拾壹 -

- 叁拾贰 -

- 叁拾叁 -

- 叁拾肆 -

- 叁拾伍 -

- 叁拾陆 -

唐妆容耀

垂珠眉

金色渐晕眼影

下眼线速移斜红

点金花瓣唇妆

- 叁拾柒 -

花卉纹样花钿

小山眉变形

后移晕染眼影

圆形面靥

- 叁拾捌 -

花蕊纹眉形

蝶翼形眼线

点画妆靥

花瓣唇

- 叁拾玖 -

－肆拾－

－肆拾壹－

唐妆容耀

－肆拾贰－

－肆拾叁－

－肆拾肆－

－肆拾伍－

- 肆拾陆 -　　　　　　　　　　- 肆拾柒 -

- 肆拾捌 -　　　　　　　　　　- 肆拾玖 -

- 伍拾 -　　　　　　　　　　- 伍拾壹 -

唐妆容耀

唐　赵逸公墓壁画

　　河南安阳唐代赵逸公墓以其精美的壁画而闻名，其中更衣仕女图尤为引人注目。画中女子眉毛呈八字形，给人一种悲秋似啼的感觉，将女子楚楚可怜、令人疼惜的形象生动地展现了出来。这幅仕女图细致描绘了女子精致的妆容和发型，生动地展现了唐代女性的美丽与优雅。独特的八字眉、个性的斜红、高高的椎髻以及素雅的首饰，每处细节都体现了唐代的审美风尚和女性的独特魅力。第226页图为更衣仕女妆发复原。

【束发】

唐妆容耀

　　图中女子的发式和首饰展示了中晚唐时期女性的典型风貌。她的额顶高梳起尖长的椎髻，两鬓也梳起椎髻，脑后头发被拢作圆鬟，给发型增添了几分柔美和古朴的气质。相比其他贵族女子繁复华丽的头饰，她的头饰显得较为素雅，仅佩戴了一些发钿和鲜花。

发式：椎髻，特点是额顶梳起尖长的椎髻，然后在头顶用红绳固定，使其稳固且高耸。椎髻之后，头发被拢作圆鬟，或者是多重的小鬟。这种发式的鬟发也极为特别，白居易《时世妆》中"圆鬟无鬓堆髻样"就是对这种发式生动的描绘。这种发式不仅显得端庄雅致，而且颇具视觉冲击力，显示出一种高贵而不失柔美的气质。椎髻发式在元和末年（即唐朝中期）自长安城中流行开来，成为皇室成员和贵族女子的时尚选择。

尽管椎髻本身已经颇具装饰性，但图中的女子仍在发髻上插了一些简单的发钿和鲜花。发钿是唐代妇女常用的头饰，形状多样，常用金、银等制成。发钿的装饰虽然简单，但精致的做工和材质依然显得华美。鲜花则为发型增添了一抹自然的色彩，使整体造型更为生动。

复原发饰佩戴效果侧背面展示

复原发式侧背面展示

【妆容】

唐妆容耀

"元和时世妆"常用的颜色包括桃红、紫红等，旨在营造一种华丽而迷人的感觉。脸部线条与色彩的强烈对比突出了女性容貌的魅力，体现出当时的审美风尚。

眉形：八字眉，眉尾向下，形似八字，白居易在《时世妆》中写道："双眉画作八字低。妍媸黑白失本态，妆成尽似含悲啼。"即女子画八字眉，可营造一种忧郁悲伤的情绪。

面妆：赭面斜红，血晕妆，"赭面"一词最早出现在《旧唐书·卷一九六上》，描述的是吐蕃人的一种习俗，即用赭色涂脸。唐代诗人白居易于唐宪宗元和年间（9世纪初）在他的《时世妆》中，写下了"斜红不晕赭面状""髻堆面赭非华风"的诗句。《唐语林·补遗》记载了唐代长庆年间女子面妆："以丹紫三四横约于目上下，谓之血晕妆。"

整体妆容：中晚唐时期，八字眉与乌唇、椎髻的组合妆容一度流行，称为"元和时世妆"，又叫"啼妆"，因其"状似悲啼者"，故名。这种妆面的形式，是由当时的西北少数民族传来，以黑色的膏涂在唇上，两眉画作"八字形"，头梳圆环椎髻，有悲啼之状。这种妆容尤为当时的贵族妇女所喜尚，直至五代。白居易《时世妆》中有："时世妆，时世妆，出自城中传四方。"

唇式：乌唇妆，唐宪宗元和年间，由于受吐蕃风气的影响，一度出现点乌唇的习俗，即点成黑紫色或黑红色。白居易《时世妆》诗中"乌膏注唇唇似泥"，指的就是这种点唇习俗。

3.9 惜时如金妆容设计

　　"劝君莫惜金缕衣，劝君须惜少年时"出自唐代无名氏《杂诗》，金缕衣虽华丽贵重，但"劝君莫惜"，因为还有比它更为珍贵的东西，那便是"寸金难买"的"少年时"。盛年不重来，莫负好时光。"惜时如金"主题妆容是一个富有创意和寓意的妆容，旨在通过妆容来展现对时间的珍视和对生活的高效态度。这个主题强调了时间的宝贵，所以妆容简洁、精致且富有创意性。

栀子	黄白游	鹅黄	瑾瑜	顺圣	松花	黄栗留	光明砂	水华朱	朱草
[C:0 M:30 Y:80 K:0]	[C:0 M:0 Y:50 K:0]	[C:30 M:50 Y:90 K:0]	[C:90 M:85 Y:70 K:45]	[C:50 M:100 Y:100 K:25]	[C:0 M:5 Y:65 K:0]	[C:0 M:15 Y:70 K:0]	[C:30 M:5 Y:50 K:0]	[C:40 M:100 Y:100 K:0]	[C:35 M:85 Y:80 K:10]

鸳鸯眉

渐层点金眼影

红色倒晕眼线

红色妆靥

水光唇妆

- 壹 -

花蕊状花钿

倒钩晕染波浪纹眼影

大面积腮黄

下巴腮黄

- 贰 -

花瓣图形眼妆

山根侧影衔接

圆形腮红

润泽唇妆

- 叁 -

双半圆晕染眉影

双鱼尾眼影

面部中心晕染腮红

点画面靥

－肆－

花瓣眉影

假双眼影

花瓣点缀下眼影

三白妆腮红

－伍－

太阳纹花钿

云纹金粉眼影

贴金点画妆靥

－陆－

火焰纹花钿

火焰纹眼妆

三白妆极细斜红

水光花瓣唇妆

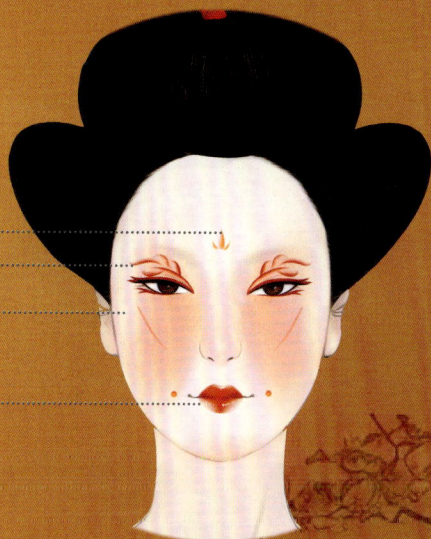

－柒－

蛾眉变形

金箔装饰眼影

红色眼线

－捌－

两段式蛾眉变形

包围式眼影

－玖－

- 拾 -

- 拾壹 -

唐妆容耀

- 拾贰 -

- 拾叁 -

- 拾肆 -

- 拾伍 -

- 拾陆 -

- 拾柒 -

- 拾捌 -

- 拾玖 -

- 贰拾 -

- 贰拾壹 -

宝相花纹样花钿

三段倒钩式上眼影

三段倒钩式面纹

朱红唇妆

- 贰拾贰 -

三瓣分段花钿

双凤尾眼线

眼角花形彩绘

橘色水光唇妆

- 贰拾叁 -

唐妆容耀

多层渐晕远山眉

双段后移晕染眼影

- 贰拾肆 -

– 贰拾伍 –

– 贰拾陆 –

– 贰拾柒 –

– 贰拾捌 –

– 贰拾玖 –

– 叁拾 –

- 叁拾壹 -　　　　　　　　　　　- 叁拾贰 -

- 叁拾叁 -　　　　　　　　　　　- 叁拾肆 -

- 叁拾伍 -　　　　　　　　　　　- 叁拾陆 -

唐妆容耀

笔触感桂叶眉变形

笔触感眼影

金粉眼线

眼角红眼线

– 叁拾柒 –

放射状花钿纹样

包围倒晕渐层眼影

红色眼影点缀眼尾

黄粉渐层腮红

– 叁拾捌 –

蛾眉变形

渐层腮红

三瓣花形妆靥

– 叁拾玖 –

－肆拾－

－肆拾壹－

－肆拾贰－

－肆拾叁－

－肆拾肆－

－肆拾伍－

唐妆容耀

- 肆拾陆 -

- 肆拾柒 -

- 肆拾捌 -

- 肆拾玖 -

- 伍拾 -

- 伍拾壹 -

肆 晚唐

　　晚唐是唐朝的后期阶段，从 825 年到 907 年唐朝灭亡。晚唐时期，唐朝社会状况极为复杂，皇帝逐渐失去实权，社会矛盾激化，黄巢等人发动农民起义，沉重打击了唐王朝的统治，使唐政权岌岌可危。晚唐时期，尽管政治上不稳定，但文化和艺术方面依然繁荣，女性妆容在这一时期呈现出独特的风格，体现了当时的社会风尚和审美趣味。晚唐女性妆容的精致与自然美不仅反映了社会的审美变化，也展示了女性在艺术和文化上的重要地位。政治上的动荡并没有抑制文化艺术的发展，反而使得晚唐的妆容风格更加多样化和细腻。

4.1　晚唐的历史介绍

晚唐时期，社会矛盾激化引发农民起义，使得社会动荡不安，政治经济衰退。这种社会背景导致了唐妆风格的转变。晚唐时期的妆容逐渐失去了唐代前期的清新自然，变得更加奢华和复杂，以体现对繁华盛世的追忆和对现实的逃避。同时，由于社会动荡，人们的生活水平和审美观念也发生了变化，这也进一步影响了妆容的流行趋势。

晚唐时期的文化呈现出多元化的特点。佛教、道教等宗教文化对妆容产生了影响，一些宗教元素开始融入妆容之中，形成了独特的宗教妆容风格。随着与周边民族交流的增多，外来文化对唐妆的影响逐渐加大，使得妆容更加多样化。

晚唐时期的诗歌、绘画等艺术形式也对妆容产生了影响。诗人们通过诗歌表达了对社会现实的批判和对美好生活的向往，如杜牧的《七夕》："银烛秋光冷画屏，轻罗小扇扑流萤。天阶夜色凉如水，卧看牵牛织女星。"这些情感也反映在妆容之上。画家们则通过绘画展现了女性的妆容和仪态，为妆容的创新提供了灵感和借鉴。

晚唐时期的妆容特色多样，反映了当时社会的风貌和审美观念。这一时期，女子的妆容重回纤丽精巧的轨道上，以长眉、朱唇为主。妆容上，女子将眉形、唇妆作为化妆的重点，侧重打造展现忧愁的妆容，正好与晚唐颓靡的社会氛围相呼应。此外，面饰在晚唐时期也显得较为繁复，出现了以珍奇异兽、珍贵花草为蓝本的花钿。并且，人们并非只将面饰贴至额头，而是全脸各处皆可贴，显得奢侈颓靡。金靥和花靥是这一时期流行的面饰，女子们在脸颊上点染金黄色或花朵形状的装饰，以此增添妆容的华丽感。

　　然而，由于晚唐时期朝政腐朽，社会动荡颓靡，女子的妆容显得更加诡谲奢靡。甚至出现将眉毛去掉、用红色……当时的颓科社面的极端妆容，显得惊世骇俗。

　　晚唐时期的妆容具有多样性，妆容在风格、色彩和装饰上都发生了显著的变化，体现了当时社会的风貌和人们的心态，展示了唐妆在历史长河中的发展和演变。

唐妆容耀

《引路菩萨图》　敦煌莫高窟藏经洞出土

　　《引路菩萨图》是一幅反映唐代风貌的佛教壁画，其中菩萨后面跟随的女子是死者生前的形象，她梳着典型的唐代妇女发式，展现了唐代贵族妇女的典雅和华贵。女子的发型是典型的高髻，发髻插有多种饰品，女子的妆容也是唐代时尚的典范。她在面额上施素粉，使面部显得更加白皙光亮，这是一种当时流行的化妆技巧。她画着"黑眉白妆"，即短而浓的黑色眉毛，与白皙的面部形成鲜明的对比，凸显了她的五官。该形象雍容华贵，神情虔敬，体现了她的高贵身份和虔诚信仰。她的发型、服饰、鞋履和妆容都反映了唐代上层社会的时尚潮流和审美标准。第248页图为《引路菩萨图》往生者的妆发复原。

【束发】

　　《引路菩萨图》中的女子形象，代表了死者生前的模样。她梳着典型的唐代高髻，头顶饰有鲜花、小梳、金钗和宝钿，显得华美而优雅。这种发型不仅彰显了往生者的高贵身份和华丽气质，还表现了对信仰的虔诚之心。

发式：峨髻，是高髻的一种，其特点是将头发夹得很高，顶部分层卷梳，再饰以精美的饰品，使发髻显得格外高耸和雍容华贵。

中晚唐时期，峨髻造型非常流行，白居易《江南喜逢萧九彻，因话长安旧游戏赠五十韵》中便提到"时世高梳髻，风流澹作妆"。经过中唐动乱后的唐妆，不仅没有趋于朴实无华，反而更显奢华。唐文宗即位（826年）后，虽"禁高髻、险妆、去眉、开额及吴越高头草履"，但终因长安"贵戚皆不便，谤讪嚣然，议遂格"（见《新唐书·卷二十四·车服》《新唐书·附钱可复》）。

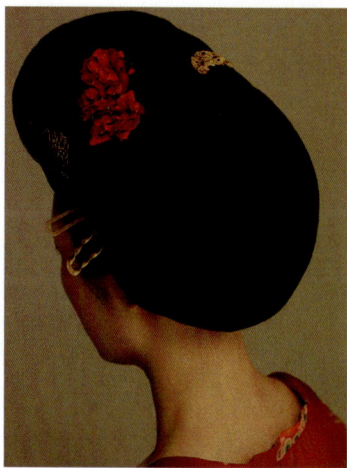

复原发饰佩戴效果侧背面展示

【妆容】

唐妆容耀

《引路菩萨图》
中的往生者妆容自然
干净，不失华美精致，
这种装扮不仅反映了
当时的美学风尚，还
展现了唐代女性对宗
教的信仰以及对美的
追求。

眉形：蛾眉，形似破茧而出的蚕蛾触须，弯曲而具有生动感，给人一种优雅而独特的美感。《诗经·卫风·硕人》里有这样一段描述："蝤首蛾眉，巧笑倩兮。"这里的"蝤首蛾眉"描绘了女子美丽的额头和眉形，突显她如同蛾翅般优雅的眉毛，以及精致的容貌和优雅的气质。

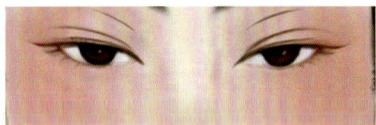

面妆：黑眉白妆，传说中杨贵妃发明的妆容，粉面不施胭脂，眉黛涂黑。当时的女子纷纷效法，称其为新妆，唐代诗人徐凝在《宫中曲二首》中描述这一场跟风的潮流为"一日新妆抛旧样，六宫争画黑烟眉"。

整体妆容：黑眉白妆，淡扫蛾眉，点画唇妆，面部不做过多装饰，干净素雅的同时不失美感，表达其对菩萨的敬畏和虔诚之心。

唇式：蝴蝶唇，染上唇脂的嘴唇如同展翅的蝴蝶一样，突出唇形的同时更在意弧度。蝴蝶唇的画法在晚唐时期仍有流行，多种唇妆的画法都是在蝴蝶唇的基础上稍作改变，唇妆还是以小为美，但更注重饱满度了。

4.3 秋水长天妆容设计

唐代王勃《滕王阁序》"落霞与孤鹜齐飞，秋水共长天一色"。"秋水长天"，其含义为秋天傍晚的水面与远处的天空融合在一起，形成一幅完美的秋色美景，给后人以无限的遐想空间。该诗句形容女子面若桃花，眼含秋水，轻施粉黛，更显倾国倾城之貌。

丹扈	黄丹	流黄	弗肯红	黄河琉璃	凝液紫	齐紫	绀宇	骐璘	麒麟竭
[C:0 M:100 Y:100 K:0]	[C:0 M:80 Y:95 K:0]	[C:50 M:55 Y:80 K:10]	[C:5 M:15 Y:70 K:0]	[C:10 M:40 Y:75 K:0]	[C:85 M:100 Y:45 K:15]	[C:70 M:100 Y:30 K:0]	[C:100 M:85 Y:35 K:0]	[C:100 M:95 Y:50 K:25]	[C:35 M:85 Y:80 K:10]

多层远山眉

颗粒感横段式眼影

眼头装饰线条

金色眼尾点缀

大面积雾状腮红

水光感蝴蝶唇妆

- 壹 -

远山眉变形

植物纹样眼妆

蝴蝶形倒晕眼影

眼影衔接腮红

点画面靥

- 贰 -

浮云眉变形

颗粒感眼尾

分段式眼影线条装饰

侧脸颊淡扫腮黄

点画面靥

水光唇妆

- 叁 -

桂叶眉变形

内双前移眼影

半圆形腮红

水光蝴蝶唇妆

－肆－

燕尾形上眼线

渐层晕染腮红

唐妆容耀

－伍－

前倒钩眉形

墨染质感渐层眼影

花瓣唇

－陆－

前倒钩眉形

内双前移眼影

半圆形腮红

点金蝴蝶唇妆

－柒－

后移凤尾眼影

眼角珠光提亮

唇部点金粉

－捌－

垂珠眉变形

渐层后移眼影

－玖－

- 拾 -

- 拾壹 -

- 拾贰 -

- 拾叁 -

- 拾肆 -

- 拾伍 -

唐妆容耀

- 拾陆 -

- 拾柒 -

- 拾捌 -

- 拾玖 -

- 贰拾 -

- 贰拾壹 -

飞鹤纹样花钿

后移眼影

飞叶彩妆点缀

雾面唇妆

- 贰拾贰 -

波浪纹眉形

颗粒感眼影

绿色眼线

- 贰拾叁 -

前晕弯眉

白色眼窝轮廓线

眼角妆靥妆饰

- 贰拾肆 -

唐妆容耀

- 贰拾伍 -

- 贰拾陆 -

- 贰拾柒 -

- 贰拾捌 -

- 贰拾玖 -

- 叁拾 -

- 叁拾壹 -

- 叁拾贰 -

- 叁拾叁 -

- 叁拾肆 -

- 叁拾伍 -

- 叁拾陆 -

唐妆容耀

极淡眉影

紫色眼妆点缀

大面积腮红

橙色水光唇妆

– 叁拾柒 –

飞鹤纹样

紫色眼妆点缀

淡紫下眼线

点画面靥

– 叁拾捌 –

八字眉变形

鱼尾眼影

半圆腮红

– 叁拾玖 –

- 肆拾 -

- 肆拾壹 -

- 肆拾贰 -

- 肆拾叁 -

- 肆拾肆 -

- 肆拾伍 -

唐妆容耀

- 肆拾陆 -

- 肆拾柒 -

- 肆拾捌 -

- 肆拾玖 -

- 伍拾 -

- 伍拾壹 -

唐妆容耀

《树下美人图》 新疆阿斯塔纳古墓群出土 印度新德里国立博物馆藏

【束发】

《树下美人图》发束倭堕髻，发簪由金属、宝石等材料制成，用于点缀和固定发髻，增添华丽感。在这幅画中，女子发髻两侧就插有花簪，显示了她高贵、优雅的气质。

发式：倭堕髻，其特点是将头发从两鬓梳向脑后，然后捋至头顶挽成一个或两个发髻，最终发髻结在额顶低垂的样子。倭堕髻的名字来源于蔷薇花的低垂姿态，这种比喻性的命名使得发型具有了诗情画意的浪漫气息。

晚唐时期，倭堕髻的流行反映了当时社会的繁荣和女性审美追求的特点。作为唐代的一种典型发型，倭堕髻的出现不仅代表了时代的审美趋势，也反映了社会风尚和文化传统的演变。《古今注》载："倭坠髻，一云堕马髻之余形也。"

复原发式侧背面展示

复原发式侧面展示

【妆容】

唐妆容耀

在晚唐时期，据传流行于曹魏时期的晓霞妆演变成一种特殊的妆饰，称为"斜红"。这抹斜红为女子的妆容呈现出一种"白里透红"的感觉。眉形采用了远山眉的风格，这种细长的眉毛如同远山含黛，给人一种清丽的感觉，与整体妆容相得益彰。

眉形：远山眉，是一种淡远、细长的眉式，眉色如远山含黛。唐代韦庄《谒金门·春漏促》："闲抱琵琶寻旧曲，远山眉黛绿。"

化钿：羊角纹样花钿，以橘红色为底色，并以红色花朵图案点缀，给妆容增添了几分娇艳。

面妆：月牙斜红，弧度精致。两侧的斜红传说演变自魏文帝时期的晓霞妆。据说，魏文帝时期，有宫女叫薛夜来。某夜，文帝在灯下读书，四周围以水晶制成的屏风。薛夜来走近文帝，不觉一头撞上屏风，伤处如朝霞将散，愈后仍留下两道疤痕，但文帝对她宠爱如昔。其他宫女有见及此，也模仿起薛夜来的样子，用胭脂在脸部画上血痕，名"晓霞妆"，时间一长，便演变成一种特殊的妆式——斜红。

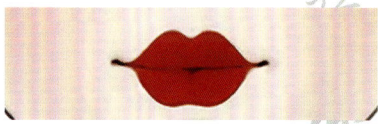

整体妆容：晓霞妆，展现出柔美的效果，通过眼角的晕染和淡红色的叠加，增添了一丝妩媚的气息。额间和脸颊则点缀了花钿和斜红，斜红形如新月，展现出一种精致的艺术感。

唇式：蝴蝶唇，整个嘴唇用脂粉涂成白色，以作底色，可以塑造出不同样式的唇形，也是那个时期较受欢迎的唇式画法。

唐代杜牧《过华清宫》："长安回望绣成堆，山顶千门次第开。一骑红尘妃子笑，无人知是荔枝来。" "绣堆繁华"，其中"绣堆"是形容人或事物丰富多彩，犹如绣花一样绚丽多姿。"繁华"指容貌美丽或地位显贵。

盈盈	苏梅	紫薄汗	三公子	佛头青	沧浪	欧碧	如梦令	松花	苕荣
[C:0 M:25 Y:0 K:0]	[C:10 M:65 Y:20 K:0]	[C:30 M:40 Y:0 K:0]	[C:70 M:85 Y:30 K:5]	[C:90 M:65 Y:30 K:15]	[C:35 M:5 Y:25 K:0]	[C:30 M:5 Y:50 K:0]	[C:15 M:30 Y:40 K:0]	[C:0 M:5 Y:65 K:0]	[C:0 M:70 Y:75 K:0]

花瓣形花钿

粗柳叶眉

大倒钩眼线

眼影中部白色提亮

横扫腮红

樱桃唇妆

－壹－

花瓣形花钿

垂珠眉变形

倒钩眼线渐晕眼影

圆形腮红

渐晕唇妆

－贰－

黑色花形花钿

小山眉

倒钩渐晕眼影

横段渐晕下眼影

蝴蝶形腮红

绸缎感唇妆

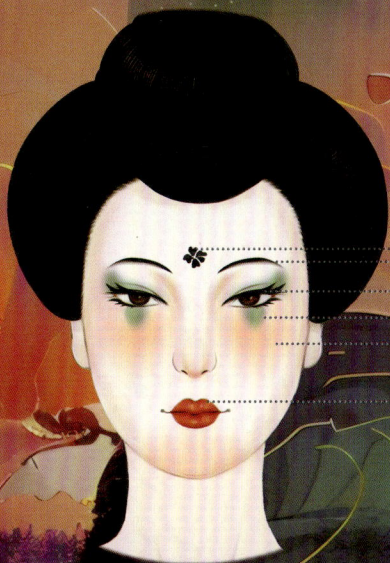

－叁－

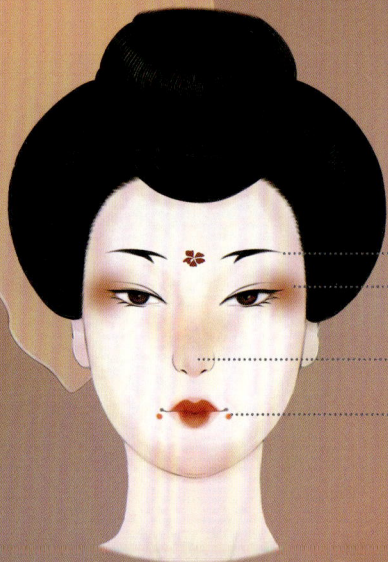

双眉头眉形

点画眼尾晕染

鼻梁腮红

花瓣唇妆

－肆－

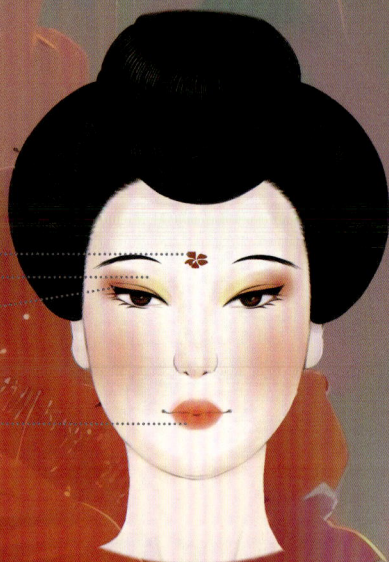

五瓣花形花钿

渐晕眼影

上翘眼线

渐晕唇妆

－伍－

涵烟眉八字画法

横段上翘眼影

上实下虚画法唇妆

－陆－

八字眉

蝴蝶形眼尾渐晕

圆形腮红

绸缎质地朱唇妆

- 柒 -

柳叶眉

点画妆靥

晕染眼影

- 捌 -

八字眉变形

血晕妆

斜红

- 玖 -

-拾-

-拾壹-

-拾贰-

-拾叁-

-拾肆-

-拾伍-

唐妆容耀

－拾陆－

－拾柒－

－拾捌－

－拾玖－

－贰拾－

－贰拾壹－

倒钩眉形

眼部花钿

鼻侧影腮红

咬唇妆

－ 贰拾贰 －

远山眉

连心眼影

白色眼线

咬唇妆

－ 贰拾叁 －

眉头点黄

三色晕染眼影

山根晕染腮红

－ 贰拾肆 －

－ 贰拾伍 －

－ 贰拾陆 －

－ 贰拾柒 －

－ 贰拾捌 －

－ 贰拾玖 －

－ 叁拾 －

- 叁拾壹 -

- 叁拾贰 -

唐妆容耀

- 叁拾叁 -

- 叁拾肆 -

- 叁拾伍 -

- 叁拾陆 -

梅花枝眉形

上翘凤尾眼影

- 叁拾柒 -

远山眉变形

金色轮廓眼影

眼下点画花钿

脸颊半圆腮红

- 叁拾捌 -

雾状眼影

点画下眼影晕染

下巴腮红

- 叁拾玖 -

- 肆拾壹 -

- 肆拾贰 -

- 肆拾叁 -

- 肆拾肆 -

- 肆拾伍 -

唐妆容耀

- 肆拾陆 -

- 肆拾柒 -

- 肆拾捌 -

- 肆拾玖 -

- 伍拾 -

- 伍拾壹 -

唐妆容耀

木心彩色女子俑　新疆阿斯塔纳古墓群出土，日本东京国立博物馆藏

　　木心彩色女子俑出土于新疆阿斯塔纳古墓群，是一件珍藏于日本东京国立博物馆的我国唐代艺术瑰宝。女子俑独特而细致的妆容，展现了唐代女性的风韵。她的面部施以额钿、斜红，使得整个脸庞充满生机与活力。虽然历经岁月的洗礼，有些部分已经破损掉色，但依旧能够感受到其当年的华丽与精致。第 284 页图为木心彩色女子俑

【束发】

　　木心彩色女子俑呈现了晚唐时期女子盛装打扮的形象，发饰为艺术复原，花钿熠熠生辉，闪烁着迷人的光彩。每一支花钿都雕刻精细，设计独特，既有盛开的花朵，又有繁复的枝叶和蝴蝶，彰显奢华与精美。

发式：云髻，高耸于头顶，如天空中飘浮的两朵祥云，展现出非凡的气度和风华。发髻宽广如云，可以容纳各种华丽的发饰。

发饰：艺术化复原图中，女了佩戴了丰富的发钿、头梳和小头钗。这些发饰小巧而华丽，既符合中晚唐时期女性对精致生活的追求，又体现了她们独特的审美观念。

晚唐时期，女子崇尚典雅的风格，而云髻便是这一时期尤为流行的一种发式。唐代诗人陆龟蒙《奉和袭美茶具十咏·茶坞》如此描写云髻的优美形态："遥盘云髻慢，乱簇香篝小。"诗句中，云髻被形容为如同天空中缓缓盘旋的云朵，轻盈而飘逸。

复原发饰佩戴效果侧背面展示

复原发式侧面展示

【妆容】

唐妆容耀

女俑的妆容艺术呈现出一种纤丽精巧的风格，这是对盛唐时大气华丽妆容的一种回归与升华。以晕染眉形、精巧朱唇为美，斜红为整体妆容增添了一丝娇媚。妆容的每一个细节都被打磨得恰到好处，展现出独特的韵味与风情。

眉形：涵烟眉，在画法上讲究眉心收尖，下部界限分明，上部则略有晕开。

花钿：四瓣花，用橘红色作为底色，点缀以红色的四瓣花钿。这种花卉类花钿的样式，不仅增添了女子面部的层次感，还使得整个妆容更加鲜活。

面妆：晓霞妆，斜红呈现出一种翻转向后的月牙状，显得别致而独特。这种斜红的画法，不仅修饰了脸型，更为整个妆容增添了一抹迷人的色彩。

唇式：樱桃唇，先用朱红色作为底色，然后从唇心开始向外晕染开来，使得唇妆呈现出一种渐变的效果。

面靥：在嘴角两侧的面颊上涂绘深色颜料，形成一种类似酒窝的效果，使得整个面部看起来更加娇俏可人。

整体妆容：纤丽精巧，胭脂在双颊下方轻轻涂开，红而不浓，给人一种温婉而含蓄的美感。腮红颜色偏粉，沿发际线边缘协调晕染，涵烟眉结合晓霞妆增加了整体的和谐感。四瓣花钿的独有设计展现出女子独特的魅力与风采。

4.7 木沫芙蓉妆容设计

唐代王维《辛夷坞》："木末芙蓉花，山中发红萼。洞户寂无人，纷纷开且落。""木末芙蓉"，枝条最顶端的辛夷花，在山中绽放着鲜红的花萼，红白相间，十分绚丽，比喻皮肤白皙、美丽端庄、有气节的女子。芙蓉花用来表示女子的样貌，也可以象征人们高洁的品质。将芙蓉花的意象用在妆容上，可使妆容更显典雅高尚。

栀子	黄丹	洛神珠	盈盈	育阳染	松花	苕荣	缥碧	井天	素采
[C:0 M:30 Y:80 K:0]	[C:0 M:80 Y:95 K:0]	[C:75 M:40 Y:90 K:0]	[C:0 M:25 Y:0 K:0]	[C:50 M:100 Y:100 K:25]	[C:0 M:5 Y:65 K:0]	[C:0 M:70 Y:75 K:0]	[C:30 M:5 Y:50 K:0]	[C:10 M:65 Y:20 K:0]	[C:35 M:85 Y:80 K:10]

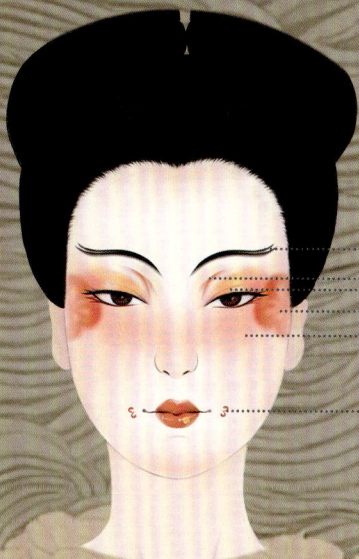

浮云眉变形

渐晕轮廓线

横段渐晕眼影

花形渐晕斜红

连心腮红

点金唇妆蝴蝶形花靥

- 壹 -

三叶花瓣花钿

浮云眉变形

渐晕眼妆

月牙渐晕斜红

连心腮红

蝴蝶形唇妆

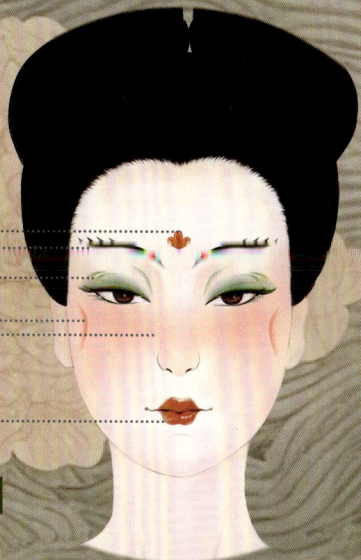

- 贰 -

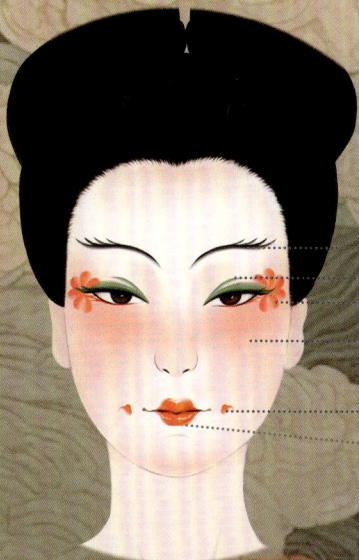

浮云眉变形

前内双眼影

眼尾花形图案

渐晕连心腮红

云纹面靥

蝴蝶唇妆

- 叁 -

梅花纹样花钿

双眉尾浮云眉

金色提亮

月牙状斜红

点画妆靥

－肆－

唐妆容耀

眉头半圆晕染

银杏叶图形眼影

红色眼线

点画面靥

－伍－

水滴形眉头

线条感晕染眼妆

晕染斜红

－陆－

涵烟眉变形

金色眼尾提亮

晕染斜红

蝴蝶唇妆

- 柒 -

浮云眉

截段式眼影

红色花纹眼线

水滴形面靥

- 捌 -

八字眉变形

凤冠眼影

半圆形腮红

- 玖 -

- 拾 -

- 拾壹 -

- 拾贰 -

- 拾叁 -

- 拾肆 -

- 拾伍 -

唐妆容耀

- 拾陆 -

- 拾柒 -

- 拾捌 -

- 拾玖 -

- 贰拾 -

- 贰拾壹 -

三瓣花钿

小倒钩眼影

晕染斜红

蝴蝶唇妆

- 贰拾贰 -

花卉纹样花钿

眼角线条轮廓

眼下泪妆

樱桃唇妆

- 贰拾叁 -

唐妆容耀

浮云眉变形

金粉提亮眼尾

大面积横扫腮红

- 贰拾肆 -

- 贰拾伍 -

- 贰拾陆 -

- 贰拾柒 -

- 贰拾捌 -

- 贰拾玖 -

- 叁拾 -

- 叁拾壹 -

- 叁拾贰 -

- 叁拾叁 -

- 叁拾肆 -

- 叁拾伍 -

- 叁拾陆 -

唐妆容耀

远山眼影

金粉提亮

渐晕斜红

点画面靥

- 叁拾柒 -

浮云眉

扇形眼影

花蕊形下眼线

水光樱桃唇妆

- 叁拾捌 -

雾状眼影

眼下珠光提亮

连心腮红

花瓣唇

- 叁拾玖 -

- 肆拾 -

- 肆拾壹 -

- 肆拾贰 -

- 肆拾叁 -

- 肆拾肆 -

- 肆拾伍 -

唐妆容耀

- 肆拾陆 -　　　　　　　　- 肆拾柒 -

- 肆拾捌 -　　　　　　　　- 肆拾玖 -

- 伍拾 -　　　　　　　　- 伍拾壹 -

唐　李思训　《江帆楼阁图》　台北故宫博物院藏

后记

随着《唐妆容耀》一书的落笔，心中涌动的不仅是完成一项浩大工程的释然，更有对那段辉煌时代女性智慧无限敬仰的感慨。此书，不仅是对唐代妆容的一次深度探索，更是一次穿越时空的心灵对话，让人深切感受到了那份跨越千年的美丽传承与文化韵味，也为当代女性妆容设计提供寻迹思路。

撰写此书，最初缘于与西安小雁塔安仁坊博物馆的影像复原工作，通过走访陕西历史博物馆、法门寺博物馆、洛阳博物馆、中国丝绸博物馆等，在历史遗迹中得以窥见唐代女性妆容背后所蕴含的深厚文化底蕴与审美追求。在那个开放包容、艺术繁荣的时代，妆容不仅是女子外在形象的修饰，更是身份地位、审美情趣乃至时代精神的体现。通过书中的史料考据与生动的图文叙述，将这份跨越千年的美丽画卷缓缓展开，能让读者在赞叹之余，也能思考美的本质与变迁，感受那份超越时代的审美共鸣。

唐代妆容以其大胆创新、色彩鲜明、工艺精湛而著称，是一幅流动的历史画卷。在不断深入研究唐代妆容的过程中，笔者深刻体会到"美"从来不仅是外表的华丽，它更是一种文化的体现、一种精神的寄托。唐代妆容之所以能够流传千古，不仅是因为它的外在美感，更在于它所蕴含的文化内涵与审美价值。在创作本书时，笔者不断思索，在中国传统文化盛行的当下，我们是否还能保持那份对美的敏锐感知与执着追求，如唐代女性的妆容艺术那般，在追求外在美的同时，更注重内在修养与文化底蕴的积累，让美成为心灵的映照，成为文化传承的载体。

通过对本书的选题策划和完成，笔者更加确定，对于美的探索与传承是一场永无止境的旅程。愿以此书为引，引领更多人去探寻那些被岁月尘封的美丽故事，感受那份穿越时空而来的美丽震撼。感谢西安工程大学岳灵、马瑜、马菡婧、冯惠、杨韶斐等教师，为本书提供的大力帮助，感谢江涵和魏茜老师妆造团队的支持和鼓励，感谢西安 AT studio 的成员们为本书带来惊艳的视觉输出，感谢各位同道的鼎力支持，在诸位的共同努力下，本书才顺利完成。期待在未来的日子里，我们能够以更加开放的心态，去拥抱多元的美，让美成为连接过去与未来的桥梁，成为推动社会进步与文化繁荣的重要力量。

在研究和设计过程当中，书中难免有些个人理解，若有不当之处，望各位专家与读者指正。

著者

2024 年 10 月